国家出版基金项目
NATIONAL PUBLICATION FOUNDATION

石墨烯材料质量技术基础：计量

"十三五"国家重点
出版物出版规划项目

任玲玲　主编

中国计量科学研究院　组织编写

战略前沿新材料
——石墨烯出版工程
丛书总主编　刘忠范

Quality Infrastructure of
Graphene and Related
Two Dimensional
Materials:Metrology

GRAPHENE
07

华东理工大学出版社
EAST CHINA UNIVERSITY OF SCIENCE AND TECHNOLOGY PRESS
·上海·

上海高校服务国家重大战略出版工程资助项目

图书在版编目(CIP)数据

石墨烯材料质量技术基础：计量 / 任玲玲主编. ——
上海：华东理工大学出版社，2021.4
（战略前沿新材料——石墨烯出版工程 / 刘忠范总
主编）
ISBN 978‐7‐5628‐6414‐1

Ⅰ.①石… Ⅱ.①任… Ⅲ.①石墨－纳米材料－计量
－研究 Ⅳ.①TB383

中国版本图书馆 CIP 数据核字（2020）第 253229 号

内容提要

本书共七章。前两章主要介绍了计量与材料计量的基本概念，以及石墨烯材料计量、标准的规划设计及框架。后五章主要介绍了石墨烯材料质量评价中关于真假判断的部分计量技术。第 3 章介绍了石墨烯材料拉曼光谱计量技术，第 4 章介绍了 X 射线衍射法测量石墨烯材料晶体结构，第 5 章介绍了原子力显微镜法测量石墨烯材料厚度，第 6 章介绍了石墨烯材料电子显微镜计量技术，第 7 章介绍了石墨烯粉体化学成分测量技术。附录补充了 X 射线衍射仪的溯源性研究、掠入射 X 射线反射膜厚测量仪器校准的内容。

项目统筹 / 周永斌　马夫娇
责任编辑 / 陈婉毓
装帧设计 / 周伟伟
出版发行 / 华东理工大学出版社有限公司
　　　　　　地址：上海市梅陇路 130 号,200237
　　　　　　电话：021‐64250306
　　　　　　网址：www.ecustpress.cn
　　　　　　邮箱：zongbianban@ecustpress.cn
印　　刷 / 上海雅昌艺术印刷有限公司
开　　本 / 710 mm×1000 mm　1/16
印　　张 / 16
字　　数 / 263 千字
版　　次 / 2021 年 4 月第 1 版
印　　次 / 2021 年 4 月第 1 次
定　　价 / 218.00 元

总序　一

　　2004 年，英国曼彻斯特大学物理学家安德烈·海姆（Andre Geim）和康斯坦丁·诺沃肖洛夫（Konstantin Novoselov）用透明胶带剥离法成功地从石墨中剥离出石墨烯，并表征了它的性质。仅过了六年，这两位师徒科学家就因"研究二维材料石墨烯的开创性实验"荣摘 2010 年诺贝尔物理学奖，这在诺贝尔授奖史上是比较迅速的。他们向世界展示了量子物理学的奇妙，他们的研究成果不仅引发了一场电子材料革命，而且还将极大地促进汽车、飞机和航天工业等的发展。

　　从零维的富勒烯、一维的碳纳米管，到二维的石墨烯及三维的石墨和金刚石，石墨烯的发现使碳材料家族变得更趋完整。作为一种新型二维纳米碳材料，石墨烯自诞生之日起就备受瞩目，并迅速吸引了世界范围内的广泛关注，激发了广大科研人员的研究兴趣。被誉为"新材料之王"的石墨烯，是目前已知最薄、最坚硬、导电性和导热性最好的材料，其优异性能一方面激发人们的研究热情，另一方面也掀起了应用开发和产业化的浪潮。石墨烯在复合材料、储能、导电油墨、智能涂料、可穿戴设备、新能源汽车、橡胶和大健康产业等方面有着广泛的应用前景。在当前新一轮产业升级和科技革命大背景下，新材料产业必将成为未来高新技术产业发展的基石和先导，从而对全球经济、科技、环境等各个领域的发展产生深刻影响。中国是石墨资源大国，也是石墨烯研究和应用开发最活跃的国家，已成为全球石墨烯行业发展最强有力的推动力量，在全球石墨烯市场上占据主导地位。

作为21世纪的战略性前沿新材料，石墨烯在中国经过十余年的发展，无论在科学研究还是产业化方面都取得了可喜的成绩，但与此同时也面临一些瓶颈和挑战。如何实现石墨烯的可控、宏量制备，如何开发石墨烯的功能和拓展其应用领域，是我国石墨烯产业发展面临的共性问题和关键科学问题。在这一形势背景下，为了推动我国石墨烯新材料的理论基础研究和产业应用水平提升到一个新的高度，完善石墨烯产业发展体系及在多领域实现规模化应用，促进我国石墨烯科学技术领域研究体系建设、学科发展及专业人才队伍建设和人才培养，一套大部头的精品力作诞生了。北京石墨烯研究院院长、北京大学教授刘忠范院士领衔策划了这套"战略前沿新材料——石墨烯出版工程"，共22分册，从石墨烯的基本性质与表征技术、石墨烯的制备技术和计量标准、石墨烯的分类应用、石墨烯的发展现状报告和石墨烯科普知识等五大部分系统梳理石墨烯全产业链知识。丛书内容设置点面结合、布局合理，编写思路清晰、重点明确，以期探索石墨烯基础研究新高地、追踪石墨烯行业发展、反映石墨烯领域重大创新、展现石墨烯领域自主知识产权成果，为我国战略前沿新材料重大规划提供决策参考。

参与这套丛书策划及编写工作的专家、学者来自国内二十余所高校、科研院所及相关企业，他们站在国家高度和学术前沿，以严谨的治学精神对石墨烯研究成果进行整理、归纳、总结，以出版时代精品作为目标。丛书展示给读者完善的科学理论、精准的文献数据、丰富的实验案例，对石墨烯基础理论研究和产业技术升级具有重要指导意义，并引导广大科技工作者进一步探索、研究，突破更多石墨烯专业技术难题。相信，这套丛书必将成为石墨烯出版领域的标杆。

尤其让我感到欣慰和感激的是，这套丛书被列入"十三五"国家重点出版物出版规划，并得到了国家出版基金的大力支持，我要向参与丛书编写工作的所有同仁和华东理工大学出版社表示感谢，正是有了你们在各自专业领域中的倾情奉献和互相配合，才使得这套高水准的学术专著能够顺利出版问世。

最后，作为这套丛书的编委会顾问成员，我在此积极向广大读者推荐这套丛书。

中国科学院院士

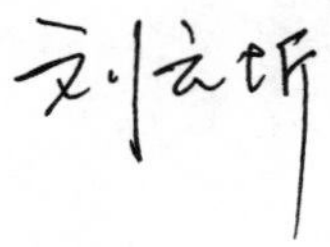

刘云圻

2020 年 4 月于中国科学院化学研究所

总序 二

"战略前沿新材料——石墨烯出版工程"：
一套集石墨烯之大成的丛书

2010年10月5日，我在宝岛台湾参加海峡两岸新型碳材料研讨会并作了"石墨烯的制备与应用探索"的大会邀请报告，数小时之后就收到了对每一位从事石墨烯研究与开发的工作者来说都十分激动的消息：2010年度的诺贝尔物理学奖授予英国曼彻斯特大学的Andre Geim和Konstantin Novoselov教授，以表彰他们在石墨烯领域的开创性实验研究。

碳元素应该是人类已知的最神奇的元素了，我们每个人时时刻刻都离不开它：我们用的燃料全是含碳的物质，吃的多为碳水化合物，呼出的是二氧化碳。不仅如此，在自然界中纯碳主要以两种形式存在：石墨和金刚石，石墨成就了中国书法，而金刚石则是美好爱情与幸福婚姻的象征。自20世纪80年代初以来，碳一次又一次给人类带来惊喜：80年代伊始，科学家们采用化学气相沉积方法在温和的条件下生长出金刚石单晶与薄膜；1985年，英国萨塞克斯大学的Kroto与美国莱斯大学的Smalley和Curl合作，发现了具有完美结构的富勒烯，并于1996年获得了诺贝尔化学奖；1991年，日本NEC公司的Iijima观察到由碳组成的管状纳米结构并正式提出了碳纳米管的概念，大大推动了纳米科技的发展，并于2008年获得了卡弗里纳米科学奖；2004年，Geim与当时他的博士研究生Novoselov等人采用粘胶带剥离石墨的方法获得了石墨烯材料，迅速激发了科学界的研究热情。事实上,人类对石墨烯结构并不陌生,石墨烯是由单层碳原子构成的二维蜂窝状结构,是构成其他维数形式碳材料的基本单元,因此关于石墨烯结构的工作可追溯到 20 世纪 40 年代的理论研究。1947 年,Wallace 首次计算了石墨烯的电子结构,并且发现其具有奇特的线性色散关系。自此,石墨烯作为理论模型,被广泛用于描述碳材料的结构与性能,但人们尚未把石墨烯本身也作为一种材料来进行研究与开发。

石墨烯材料甫一出现即备受各领域人士关注,迅速成为新材料、凝聚态物理等领域的"高富帅",并超过了碳家族里已很活跃的两个明星材料——富勒烯和碳纳米管,这主要归因于以下三大理由。一是石墨烯的制备方法相对而言非常简单。Geim 等人采用了一种简单、有效的机械剥离方法,用粘胶带撕裂即可从石墨晶体中分离出高质量的多层甚至单层石墨烯。随后科学家们采用类似原理发明了"自上而下"的剥离方法制备石墨烯及其衍生物,如氧化石墨烯;或采用类似制备碳纳米管的化学气相沉积方法"自下而上"生长出单层及多层石墨烯。二是石墨烯具有许多独特、优异的物理、化学性质,如无质量的狄拉克费米子、量子霍尔效应、双极性电场效应、极高的载流子浓度和迁移率、亚微米尺度的弹道输运特性,以及超大比表面积,极高的热导率、透光率、弹性模量和强度。最后,特别是由于石墨烯具有上述众多优异的性质,使它有潜力在信息、能源、航空、航天、可穿戴电子、智慧健康等许多领域获得重要应用,包括但不限于用于新型动力电池、高效散热膜、透明触摸屏、超灵敏传感器、智能玻璃、低损耗光纤、高频晶体管、防弹衣、轻质高强航空航天材料、可穿戴设备,等等。

因其最为简单和完美的二维晶体、无质量的费米子特性、优异的性能和广阔的应用前景,石墨烯给学术界和工业界带来了极大的想象空间,有可能催生许多技术领域的突破。世界主要国家均高度重视发展石墨烯,众多高校、科研机构和公司致力于石墨烯的基础研究及应用开发,期待取得重大的科学突破和市场价值。中国更是不甘人后,是世界上石墨烯研究和应用开发最为活跃的国家,拥有一支非常庞大的石墨烯研究与开发队伍,位居世界第一。有关统计数据显示,无论是正式发表的石墨烯相关学术论文的数量、中国申请和授权的石墨烯相关专利的数量,还是中国拥有的从事石墨烯相关的企业数量以及石墨烯产品的规模与种类,都远远超过其他任何一个国家。然而,尽管石墨烯的研究与开发已十六载,我们仍然面临着一系列重要挑战,特别是高质量石墨烯的可控规模制备与不可替代应用的开拓。

十六年来,全世界许多国家在石墨烯领域投入了巨大的人力、物力、财力进行研究、开发和产业化,在制备技术、物性调控、结构构建、应用开拓、分析检测、标准制定等诸多方面都取得了长足的进步,形成了丰富的知识宝库。虽有一些有关石墨烯的中文书籍陆续问世,但尚无人对这一知识宝库进行全面、系统的总结、分析并结集出版,以指导我国石墨烯研究与应用的可持续发展。为此,我国石墨烯研究领域的主要开拓者及我国石墨烯发展的重要推动者、北京大学教授、北京石墨烯研究院创院院长刘忠范院士亲自策划并担任总主编,主持编撰"战略前沿新材料——石墨烯出版工程"这套丛书,实为幸事。该丛书由石墨烯的基本性质与表征技术、石墨烯的制备技术和计量标准、石墨烯的分类应用、石墨烯的发展现状报告、石墨烯科普知识等五大部分共 22 分册构成,由刘忠范院士、张锦院士等一批在石墨烯研究、应用开发、检测与标准、平台建设、产业发展等方面的知名专家执笔撰写,对石墨烯进行了 360° 的全面检视,不仅很好地总结了石墨烯领域的国内外最新研究进展,包括作者们多年辛勤耕耘的研究积累与心得,系统介绍了石墨烯这一新材料的产业化现状与发展前景,而且还包括了全球石墨烯产业报告和中国石墨烯产业报告。特别是为了更好地让公众对石墨烯有正确的认识和理解,刘忠范院士还率先垂范,亲自撰写了《有问必答:石墨烯的魅力》这一科普分册,可谓匠心独具、运思良苦,成为该丛书的一大特色。我对他们在百忙之中能够完成这一巨制甚为敬佩,并相信他们的贡献必将对中国乃至世界石墨烯领域的发展起到重要推动作用。

刘忠范院士一直强调"制备决定石墨烯的未来",我在此也呼应一下:"石墨烯的未来源于应用"。我衷心期望这套丛书能帮助我们发明、发展出高质量石墨烯的制备技术，帮助我们开拓出石墨烯的"杀手锏"应用领域，经过政产学研用的通力合作，使石墨烯这一结构最为简单但性能最为优异的碳家族的最新成员成为支撑人类发展的神奇材料。

中国科学院院士

成会明，2020 年 4 月于深圳

清华大学，清华－伯克利深圳学院，深圳

中国科学院金属研究所，沈阳材料科学国家研究中心，沈阳

丛书前言

　　石墨烯是碳的同素异形体大家族的又一个传奇，也是当今横跨学术界和产业界的超级明星，几乎到了家喻户晓、妇孺皆知的程度。当然，石墨烯是当之无愧的。作为由单层碳原子构成的蜂窝状二维原子晶体材料，石墨烯拥有无与伦比的特性。理论上讲，它是导电性和导热性最好的材料，也是理想的轻质高强材料。正因如此，一经问世便吸引了全球范围的关注。石墨烯有可能创造一个全新的产业，石墨烯产业将成为未来全球高科技产业竞争的高地，这一点已经成为国内外学术界和产业界的共识。

　　石墨烯的历史并不长。从 2004 年 10 月 22 日，安德烈·海姆和他的弟子康斯坦丁·诺沃肖洛夫在美国 *Science* 期刊上发表第一篇石墨烯热点文章至今，只有十六个年头。需要指出的是，关于石墨烯的前期研究积淀很多，时间跨度近六十年。因此不能简单地讲，石墨烯是 2004 年发现的、发现者是安德烈·海姆和康斯坦丁·诺沃肖洛夫。但是，两位科学家对"石墨烯热"的开创性贡献是毋庸置疑的，他们首次成功地研究了真正的"石墨烯材料"的独特性质，而且用的是简单的透明胶带剥离法。这种获取石墨烯的实验方法使得更多的科学家有机会开展相关研究，从而引发了持续至今的石墨烯研究热潮。2010 年 10 月 5 日，两位拓荒者荣获诺贝尔物理学奖，距离其发表的第一篇石墨烯论文仅仅六年时间。

"构成地球上所有已知生命基础的碳元素,又一次惊动了世界",瑞典皇家科学院当年发表的诺贝尔奖新闻稿如是说。

从科学家手中的实验样品,到走进百姓生活的石墨烯商品,石墨烯新材料产业的前进步伐无疑是史上最快的。欧洲是石墨烯新材料的发祥地,欧洲人也希望成为石墨烯新材料产业的领跑者。一个重要的举措是启动"欧盟石墨烯旗舰计划",从 2013 年起,每年投资一亿欧元,连续十年,通过科学家、工程师和企业家的接力合作,加速石墨烯新材料的产业化进程。英国曼彻斯特大学是石墨烯新材料呱呱坠地的场所,也是世界上最早成立石墨烯专门研究机构的地方。2015 年 3 月,英国国家石墨烯研究院(NGI)在曼彻斯特大学启航;2018 年 12 月,曼彻斯特大学又成立了石墨烯工程创新中心(GEIC)。动作频频,基础与应用并举,矢志充当石墨烯产业的领头羊角色。当然,石墨烯新材料产业的竞争是激烈的,美国和日本不甘其后,韩国和新加坡也是志在必得。据不完全统计,全世界已有 179 个国家或地区加入了石墨烯研究和产业竞争之列。

中国的石墨烯研究起步很早,基本上与世界同步。全国拥有理工科院系的高等院校,绝大多数都或多或少地开展着石墨烯研究。作为科技创新的国家队,中国科学院所辖遍及全国的科研院所也是如此。凭借着全球最大规模的石墨烯研究队伍及其旺盛的创新活力,从 2011 年起,中国学者贡献的石墨烯相关学术论文总数就高居全球榜首,且呈遥遥领先之势。截至 2020 年 3 月,来自中国大陆的石墨烯论文总数为 101 913 篇,全球占比达到 33.2%。需要强调的是,这种领先不仅仅体现在统计数字上,其中不乏创新性和引领性的成果,超洁净石墨烯、超级石墨烯玻璃、烯碳光纤就是典型的例子。

中国对石墨烯产业的关注完全与世界同步,行动上甚至更为迅速。统计数据显示,早在 2010 年,正式工商注册的开展石墨烯相关业务的企业就高达 1 778 家。截至 2020 年 2 月,这个数字跃升到 12 090 家。对石墨烯高新技术产业来说,知识产权的争夺自然是十分激烈的。进入 21 世纪以来,知识产权问题受到国人前所未有的重视,这一点在石墨烯新材料领域得到了充分的体现。截至

2018 年底，全球石墨烯相关的专利申请总数为 69 315 件，其中来自中国大陆的专利高达 47 397 件，占比 68.4%，可谓是独占鳌头。因此，从统计数据上看，中国的石墨烯研究与产业化进程无疑是引领世界的。当然，不可否认的是，统计数字只能反映一部分现实，也会掩盖一些重要的"真实"，当然这一点不仅仅限于石墨烯新材料领域。

中国的"石墨烯热"已经持续了近十年，甚至到了狂热的程度，这是全球其他国家和地区少见的。尤其在前几年的"石墨烯淘金热"巅峰时期，全国各地争相建设"石墨烯产业园""石墨烯小镇""石墨烯产业创新中心"，甚至在乡镇上都建起了石墨烯研究院，可谓是"烯流滚滚"，真有点像当年的"大炼钢铁运动"。客观地讲，中国的石墨烯产业推进速度是全球最快的，既有的产业大军规模也是全球最大的，甚至吸引了包括两位石墨烯诺贝尔奖得主在内的众多来自海外的"淘金者"。同样不可否认的是，中国的石墨烯产业发展也存在着一些不健康的因素，一哄而上，遍地开花，导致大量的简单重复建设和低水平竞争。以石墨烯材料生产为例，2018 年粉体材料年产能达到 5 100 吨，CVD 薄膜年产能达到 650 万平方米，比其他国家和地区的总和还多，实际上已经出现了产能过剩问题。2017 年 1 月 30 日，笔者接受澎湃新闻采访时，明确表达了对中国石墨烯产业发展现状的担忧，随后很快得到习近平总书记的高度关注和批示。有关部门根据习总书记的指示，做了全国范围的石墨烯产业发展现状普查。三年后的现在，应该说情况有所改变，随着人们对石墨烯新材料的认识不断深入，以及从实验室到市场的产业化实践，中国的"石墨烯热"有所降温，人们也渐趋冷静下来。

这套大部头的石墨烯丛书就是在这样一个背景下诞生的。从 2004 年至今，已经有了近十六年的历史沉淀。无论是石墨烯的基础研究，还是石墨烯材料的产业化实践，人们都有了更多的一手材料，更有可能对石墨烯材料有一个全方位的、科学的、理性的认识。总结历史，是为了更好地走向未来。对于新兴的石墨烯产业来说，这套丛书出版的意义也是不言而喻的。事实上，国内外已经出版了数十部石墨烯相关书籍，其中不乏经典性著作。本丛书的定位有所不同，希望能够全面总结石墨烯相关的知识积累,反映石墨烯领域的国内外最新研究进展,展示石墨烯新材料的产业化现状与发展前景,尤其希望能够充分体现国人对石墨烯领域的贡献。本丛书从策划到完成前后花了近五年时间,堪称马拉松工程,如果没有华东理工大学出版社项目团队的创意、执着和巨大的耐心,这套丛书的问世是不可想象的。他们的不达目的决不罢休的坚持感动了笔者,让笔者承担起了这项光荣而艰巨的任务。而这种执着的精神也贯穿整个丛书编写的始终,融入每位作者的写作行动中,把好质量关,做出精品,留下精品。

本丛书共包括 22 分册,执笔作者 20 余位,都是石墨烯领域的权威人物、一线专家或从事石墨烯标准计量工作和产业分析的专家。因此,可以从源头上保障丛书的专业性和权威性。丛书分五大部分,囊括了从石墨烯的基本性质和表征技术,到石墨烯材料的制备方法及其在不同领域的应用,以及石墨烯产品的计量检测标准等全方位的知识总结。同时,两份最新的产业研究报告详细阐述了世界各国的石墨烯产业发展现状和未来发展趋势。除此之外,丛书还为广大石墨烯迷们提供了一份科普读物《有问必答:石墨烯的魅力》,针对广泛征集到的石墨烯相关问题答疑解惑,去伪求真。各分册具体内容和执笔分工如下:01 分册,石墨烯的结构与基本性质(刘开辉);02 分册,石墨烯表征技术(张锦);03 分册,石墨烯基材料的拉曼光谱研究(谭平恒);04 分册,石墨烯制备技术(彭海琳);05 分册,石墨烯的化学气相沉积生长方法(刘忠范);06 分册,粉体石墨烯材料的制备方法(李永峰);07 分册,石墨烯材料质量技术基础:计量(任玲玲);08 分册,石墨烯电化学储能技术(杨全红);09 分册,石墨烯超级电容器(阮殿波);10 分册,石墨烯微电子与光电子器件(陈弘达);11 分册,石墨烯薄膜与柔性光电器件(史浩飞);12 分册,石墨烯膜材料与环保应用(朱宏伟);13 分册,石墨烯基传感器件(孙立涛);14 分册,石墨烯宏观材料及应用(高超);15 分册,石墨烯复合材料(杨程);16 分册,石墨烯生物技术(段小洁);17 分册,石墨烯化学与组装技术(曲良体);18 分册,功能化石墨烯材料及应用(智林杰);19 分册,石墨烯粉体材料:从基础研究到工业应用(侯士峰);20 分册,全球石墨烯产业研究报告（李义春）；21 分册，中国石墨烯产业研究报告（周静）；22 分册，有问必答：石墨烯的魅力（刘忠范）。

本丛书的内容涵盖石墨烯新材料的方方面面，每个分册也相对独立，具有很强的系统性、知识性、专业性和即时性，凝聚着各位作者的研究心得、智慧和心血，供不同需求的广大读者参考使用。希望丛书的出版对中国的石墨烯研究和中国石墨烯产业的健康发展有所助益。借此丛书成稿付梓之际，对各位作者的辛勤付出表示真诚的感谢。同时，对华东理工大学出版社自始至终的全力投入表示崇高的敬意和诚挚的谢意。由于时间、水平等因素所限，丛书难免存在诸多不足，恳请广大读者批评指正。

刘忠范

2020 年 3 月于墨园

前　言

门捷列夫曾经说过："没有测量，就没有科学。"很多时候，科学技术瓶颈的突破有赖于关键测量技术难题的解决。测量结果是否可信，或者测量的品质如何，是人们极其关心的问题。随着全球化的推进和我国经济的发展，测量的准确性直接影响到国家和企业的经济利益，其需要计量学的支持。计量学是关于测量的科学。计量学涵盖测量理论和实践的各个方面，既不论测量的不确定度如何，也不论测量是在科学技术的哪个领域中进行的。计量学在分类上是一门技术学科，但又与社会经济生活紧密相关，是任何政治体构成的基础性制度。因此，计量学对基础科学研究和产业化的推进作用需要被进一步充分阐述，从而让更多人理解。

石墨烯（Graphene）是由碳原子组成的只有一层原子厚度的二维晶体。作为新兴的、具有优异性能的国家战略材料，石墨烯得到各国科technical界、企业界及政府的关注和重视。特别是在石墨烯产业方面，中国拥有全球最大的量产能力，但是石墨烯材料制备及后端的应用研发和产业化进程研究需要进一步加强。目前，石墨烯产业正处于基础研究和产业化同步的阶段，正是计量学发挥作用的最佳时机。国家重点研发计划"国家质量基础的共性技术研究与应用"重点专项资助的"石墨烯等碳基纳米材料 NQI 技术研究、集成与应用"项目（项目编号：2016YFF0204300），从石墨烯材料计量、标准、合格评定三个国家质量基础设施（National Quality Infrastructure，NQI）技术方面开展研究、集成与应用示范。受国家重点研发计划项目进展和我国石墨烯材料产业发展的鼓舞和推动，我们编著了《石墨烯材料质量技术基础：计量》一书。

本书由任玲玲研究员负责整体设计、内容部署和审核，高慧芳和姚雅萱负责书稿的统稿、审核工作。本书共七章,前两章主要介绍了计量与材料计量的基本概念,以及石墨烯材料计量、标准的规划设计及框架,后五章主要介绍了石墨烯材料质量评价中关于真假判断的部分计量技术,如拉曼光谱技术、X射线衍射法、原子力显微镜法、电子显微镜技术。但对于某一类材料,整个产品真伪判断只是沧海一粟,正如本书第2章中的图2-8所示,还需要开展石墨烯材料质量优劣评判的计量技术研究,如X射线光电子能谱法、电感耦合等离子体质谱法、傅里叶红外光谱法等。只有使这些计量技术的测量方法标准化、测量结果溯源至国际单位制基本单位、测量结果等效可比,才算完成了石墨烯材料计量技术的研究。这样才能获得国际通行的技术语言,让全世界认可从每个实验室发出的测量结果,这正是石墨烯材料计量技术的意义。

石墨烯材料的产业应用中需要国家质量基础设施(NQI)体系的建设。对石墨烯材料及终端产品建立计量标准体系、制定测量方法标准,并据此对材料和产品进行质量检测,最终发布产品认证证书。目前,中国石墨烯产业的发展正处于关键节点,只有先通过测量方法的计量技术研究解决测量的准确性和一致性问题,再建立和遵循完善的标准化体系,才能最终保证产品达到所设计的质量,实现产品质量控制。未来,我国还将继续推进国内外实验室间和不同方法间的比对试验,推动标准的研制进程,促进石墨烯产业的规范化、规模化和持续健康发展。

石墨烯的基础研究和应用开发发展十分迅速,新的知识、成果不断涌现,文献资料数量呈指数式增加,由于编著者水平有限,书中难免有不妥之处,恳请专家和读者批评指正!

任玲玲

2020年3月

目 录

● **第 1 章　计量与材料计量**　　　　　　　　　　　　　　001

1.1　计量概述　　　　　　　　　　　　　　　　　　003

1.2　计量与测量　　　　　　　　　　　　　　　　　007

　　1.2.1　测量　　　　　　　　　　　　　　　　　007

　　1.2.2　计量　　　　　　　　　　　　　　　　　008

　　1.2.3　计量特点　　　　　　　　　　　　　　　010

1.3　测量误差与测量不确定度　　　　　　　　　　　011

　　1.3.1　测量误差　　　　　　　　　　　　　　　011

　　1.3.2　测量不确定度　　　　　　　　　　　　　012

1.4　标准物质　　　　　　　　　　　　　　　　　　015

1.5　计量的作用　　　　　　　　　　　　　　　　　017

　　1.5.1　计量对国民经济的作用　　　　　　　　　017

　　1.5.2　计量在基础研究中的作用　　　　　　　　019

1.6　材料计量概述　　　　　　　　　　　　　　　　019

　　1.6.1　材料计量研究内容　　　　　　　　　　　021

　　1.6.2　材料计量研究成果及社会服务　　　　　　022

　　1.6.3　材料计量国内外现状　　　　　　　　　　023

1.7　国际计量组织　　　　　　　　　　　　　　　　026

　　1.7.1　国际计量局（BIPM）　　　　　　　　　　026

　　1.7.2　亚太计量规划组织（APMP）　　　　　　　028

1.7.3　先进材料与标准凡尔赛合作计划（VAMAS）　　　029

1.8　计量比对　　　030

1.9　总结与展望　　　031

　　1.9.1　总结　　　031

　　1.9.2　展望　　　032

参考文献　　　035

● 第2章　国家质量基础设施及石墨烯材料计量　　　037

2.1　我国古代质量观——度量衡　　　039

2.2　现代质量观——国家质量基础设施　　　041

2.3　计量在国家质量基础设施中的基础地位　　　043

2.4　纳米技术对计量技术的需求　　　046

2.5　石墨烯材料产业国家质量基础设施技术发展　　　048

2.6　石墨烯材料关键特性参数调研　　　057

参考文献　　　064

● 第3章　石墨烯材料拉曼光谱计量技术　　　065

3.1　概述　　　067

3.2　拉曼光谱仪溯源　　　070

　　3.2.1　拉曼光谱测量原理　　　071

　　3.2.2　拉曼频移的溯源　　　073

　　3.2.3　拉曼相对强度的溯源　　　074

3.3　拉曼频移和相对强度标准物质的研制　　　076

　　3.3.1　拉曼频移标准物质　　　077

　　3.3.2　拉曼相对强度标准物质　　　083

3.4　基于拉曼频移和相对强度标准物质校准拉曼光谱仪的方法　　　086

3.4.1　基于拉曼频移标准物质校准拉曼光谱仪的方法　086

3.4.2　基于拉曼相对强度标准物质校准拉曼光谱仪的方法　089

3.5　石墨烯材料拉曼光谱测量标准方法　090

3.5.1　测量方法研究　091

3.5.2　标准方法建立过程中的国内比对　093

3.6　小结　096

参考文献　096

● 第4章　X射线衍射法测量石墨烯材料晶体结构　099

4.1　概述　101

4.2　设备溯源和校准　104

4.2.1　设备溯源　105

4.2.2　设备校准　106

4.3　测量方法研究　109

4.3.1　测量样品准备　109

4.3.2　取样原则　109

4.3.3　测量条件　110

4.3.4　图谱分析及数据处理　111

4.4　计量比对　111

4.5　标准方法　117

4.6　小结　117

参考文献　118

● 第5章　原子力显微镜法测量石墨烯材料厚度　119

5.1　概述　121

5.2　原子力显微镜技术原理　122

5.3 原子力显微镜设备校准与溯源   123

5.4 测量方法建立   126

    5.4.1 AFM 扫描模式的选择   126

    5.4.2 AFM 测量用基底的影响   126

    5.4.3 AFM 测量参数的影响   127

    5.4.4 AFM 数据分析处理的方法   128

    5.4.5 不确定度评定   131

5.5 计量比对   132

    5.5.1 比对样品的选取   132

    5.5.2 国内比对   133

    5.5.3 国际比对   136

5.6 测量方法标准化   137

5.7 小结   138

参考文献   138

● 第6章 石墨烯材料电子显微镜计量技术   141

6.1 扫描电镜测量石墨烯材料片层尺寸和覆盖度   144

    6.1.1 扫描电镜溯源及校准   145

    6.1.2 石墨烯片层尺寸测量方法   154

    6.1.3 大范围金属基底上石墨烯薄膜覆盖度的测量方法   159

6.2 透射电镜测量石墨烯材料形貌、层数和层间距   168

    6.2.1 透射电镜校准溯源   169

    6.2.2 透射电镜放大倍率校准用标准物质   171

    6.2.3 透射电镜校准方法   174

    6.2.4 石墨烯形貌、层数和层间距的透射电镜测量方法   179

6.3 小结   185

参考文献   186

● **第 7 章　石墨烯粉体化学成分测量技术**　189

　7.1　概述　191

　7.2　XPS 仪器测量要求　192

　　7.2.1　XPS 仪器简介　192

　　7.2.2　XPS 仪器检定校准　193

　　7.2.3　XPS 仪器检定校准用标准物质　195

　　7.2.4　XPS 仪器检测注意事项　195

　7.3　石墨烯粉体的 C/O 测量技术研究　196

　　7.3.1　测量样品选取　196

　　7.3.2　石墨烯粉体 XPS 测量方法开发　197

　　7.3.3　石墨烯粉体 C/O 测量实例　199

　7.4　ICP - MS 仪器测量要求　203

　7.5　石墨烯粉体中金属杂质测量技术研究　204

　　7.5.1　测量样品处理　204

　　7.5.2　石墨烯粉体的 ICP - MS 测量程序　205

　　7.5.3　石墨烯粉体中金属杂质测量实例　205

　7.6　标准测量方法开发　209

　7.7　小结　209

　参考文献　210

● **附录 1　X 射线衍射仪的溯源性研究**　211

● **附录 2　掠入射 X 射线反射膜厚测量仪器校准**　221

● **索引**　226

第 1 章

计量与材料计量

石墨烯开启了一个崭新、微妙的材料世界，从此之后，科学家对于石墨烯等各种二维材料的研究如火如荼、势不可当。由于石墨烯具有透光性好、导热系数高、电子迁移率高、电阻率低、机械强度高等优异性能，如果能在规模化制备及应用方面取得重大突破，将有望带动新一代信息技术、新能源、高端装备制造等领域快速发展。世界各国对石墨烯研究和产业化越加重视，发达国家多采用"研发一批、储备一批、应用一批"的材料发展战略。我国已将其列入《中华人民共和国国民经济和社会发展第十三个五年规划纲要》的重大工程、《中国制造2025》的重要领域，2015年还出台了《关于加快石墨烯产业创新发展的若干意见》，政策扶持力度不断加大。专家预测，2020年石墨烯有望撬动万亿级市场。

为了更好地支持我国石墨烯产业的基础研究、研究成果的产业转化及产业发展的有序进行，国家重点研发计划"国家质量基础的共性技术研究与应用"重点专项资助了"石墨烯等碳基纳米材料NQI技术研究、集成与应用"项目（项目编号为2016YFF0204300，简称石墨烯NQI项目），开展石墨烯材料的计量、标准、合格评定方面的研究。本书在阐述石墨烯材料计量技术进展之前，介绍计量、材料计量、国际比对等内容，先进行面上总览，再进行点上详解，以便读者对石墨烯材料计量技术有更清晰的理解。

1.1　计量概述

计量是实现单位统一、量值准确可靠的活动。人们的生活与计量密不可分，如买东西要称重、打车要打表、住房要算面积、结账要收银等，真可谓"柴米油盐酱醋茶，事事关心；衣食住行购乐游，处处牵连"。在我国，古代计量从4 000多年前开始。"提起计量，很多人会想到是秦始皇统一的度量衡。其实我国古代从黄帝'设五量',大禹'声为律,身为度,称以出',就证明我国形成法律计量制度的计量管理已有4 000多年,比秦始皇统一度量衡要早2 000多年。"天津市计量监督检测科学研究院"计量文史室"主要筹建人之一艾学璞说。很多人以往提起计量就是"只有度量衡,只检尺斗秤",实际上这是一个延续了2 000多年的误解。真正意义上原始计量的产生在我国历史上经历了"结绳记事"而知数、以人体为计量器具"布手为尺""一手为溢""掬手为升""迈步定亩""楔木记时""声为律,身为度,称以出"而定量的漫长过程。《资治通鉴》中记载:"黄帝命隶首作数,以率其羡,要其会,而律度量衡由是而成焉",证明我国古代计量形成并产生体现误差量值多少的律与度量衡就在父系氏族的黄帝时期,距今已有4 000多年。有详细文字记载的计量可追溯至公元前秦始皇统一度量衡。秦始皇制定十进制的引、丈、尺、寸、分来计量长度,十进制的斛、斗、升来计算容量,用石、钧、斤、两、铢来计量重量。秦灭六国一统天下,颁布诏令,用法律形式统一了全国的度量衡制度,并将该命令刻在或铸在量器、衡器上,或者先刻在铜版上再嵌在量器、衡器上,以作为使用凭证;中央制造、颁发度量衡标准器,以作为各地制作和检定的标准,并每年对度量衡器检定一次。秦朝统一度量衡,奠定了中国封建社会延续2 000多年的基本度量衡体系。度量衡的统一,大大方便了全国范围的商品交换和经济交流,为秦朝国家机器的正常运转和社会活动的进行提供了有力的保障。即使在现代的计量法律制度中,也包括类似秦朝度量衡法律制度的单位制度和器具制造制度等内容。毛泽东在七律《读〈封建论〉呈郭老》中就曾说过,"百代都行秦政法",可见秦朝度量衡法律制度对后世影响深远。

在世界范围内建立共同测量标准的需求最早明确体现在1851年的英国伦敦第一届世界博览会(英国皇家艺术协会举办)上。这是第一个吸引世界各地展品参展的国际性博览会,展会上由于产品、机器、设备等展品的来源国不同,其技术规格相当混乱,既有英制和米制单位,也有其他单位。这种情况使得评审团选择众多奖项获奖者的工作异常复杂,因此正式引发了推动采用国际统一计量体系的想法。1853年,英国艺术学会理事会备忘录记载:"实践表明,货币和计量的统一对商业活动至关重要;就计量而言,同时会极大地促进科学研究。

因此政府必须开展必要的研究，以最佳方式实现货币和计量向十进制的转变。通过与邻国协商采取一些措施，促进在世界范围内采用统一的体系。"基于国际制造品贸易的增长和19世纪中期科学技术的迅猛发展，1875年5月20日，17个成员国代表在法国巴黎签署了《米制公约》，并正式同意推行统一的国际计量单位和物理量测量，这标志着国际计量局（BIPM）的成立。为了纪念这一伟大时刻，第二十一届国际计量大会（1999年）把每年的5月20日确定为"世界计量日"。

　　由此可见，自启蒙时代起，一个王朝，一个国家，甚至国际测量界就致力于建立一个"通用"的测量体系。国际单位制（SI）就是这样一个全球一致认可的测量体系。SI的7个基本单位是秒、米、千克、安培、开尔文、摩尔和坎德拉。SI基本单位可以表示任何领域的测量结果，在全球范围内都是可比的、一致的。这些单位基准定义之初是通过实物进行复现的，比如"米"最早就是用一根刚好1米长的金属棒定义的，将其称为"国际米原器（International Prototype Metre，IPM）"（图1-1）；截至2018年11月16日，"千克"是SI基本单位中最后一个仍由实物来定义的基本单位，将其称为"国际千克原器（International Prototype Kilogram，IPK）"（图1-2），是唯一的千克测量参照物。IPK放置于法国塞夫勒的国际度量衡局总部（BIPM）一个地下8米深的环境严格控制的保险库中，143年以来没有被人类的手触碰过。如同独特的俄罗斯套娃，这个柱体被放置在三层玻璃钟罩内，如果要进入这个房间，必须由三位不同的钥匙掌管人同时打开房门。

图1-1 国际米原器实物图（图片来源：国际计量局网站和维基百科）

图 1-2　国际千克原器实物图（图片来源：国际计量局网站）

　　但是这些实物会随时间推移或环境改变而变化，不能满足当今科学研究与技术应用对测量准确度的需要。2018 年 11 月 16 日，在法国巴黎近郊凡尔赛召开的第 26 届国际计量大会上，经包括中国在内 53 个成员国的集体表决，全票通过关于"修订国际单位制"的 1 号决议。根据决议，SI 基本单位中的 4 个，即千克、安培、开尔文和摩尔分别改由普朗克常数 h、基本电荷 e、玻耳兹曼常数 k 和阿伏加德罗常数 N_A 定义。这是 SI 自 1960 年创建以来最为重大的变革，是科学进步的里程碑。这次新定义使得 SI 重新构建在我们当前对自然法则的最高认知上，即运用自然法则建立测量规则，将原子和量子尺度的测量与宏观层面的测量关联起来，实现了《米制公约》的共同愿望——为全球测量提供普遍适用的基础；同时消除了 SI 与基于实物基准原器的定义之间的关联；也验证了 1870 年麦克斯韦在利物浦举行的英国科学促进会上提出的预言：测量标准迟早要采用永恒不变的自然常量来定义[1]。

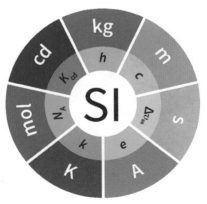

图 1-3　国际单位制的 7 个基本单位

　　新的国际单位制（图 1-3）将满足以下条件：

（1）铯 133 原子基态的超精细能级跃迁频率 $\Delta \nu_{Cs} = 9\ 192\ 631\ 770\ \mathrm{Hz}$；

（2）真空中光的速度 $c = 299\ 792\ 458\ \mathrm{m \cdot s^{-1}}$；

（3）普朗克常数 $h = 6.626\ 070\ 15 \times 10^{-34}\ \mathrm{J \cdot s}$；

（4）基本电荷 $e = 1.602\ 176\ 634 \times 10^{-19}\ \mathrm{C}$；

（5）玻耳兹曼常数 $k = 1.380\ 649 \times 10^{-23}\ \mathrm{J \cdot K^{-1}}$；

（6）阿伏加德罗常数 $N_A = 6.022\ 140\ 76 \times 10^{23}\ \mathrm{mol^{-1}}$；

（7）频率为 $540 \times 10^{12}\ \mathrm{Hz}$ 的单色辐射的发光效率 $K_{cd} = 683\ \mathrm{lm \cdot W^{-1}}$。

1.2　计量与测量

1.2.1　测量

科学的本质是测量。在不考虑领域的情况下，人们希望通过比较现实生活中事物行为的量化结果来与别人进行交流。这些行为量化结果需要一些重要数据信息，比如多大、多少、多重、多快、多强、什么颜色、什么密度等，这些数据信息必须通过"测量"来进行传递。测量是按照某种规律，用数据来描述观察到的现象，即对事物做出量化描述。测量是对非量化实物的量化过程，使人们对物体、物质和自然现象的属性认识达到从定性到定量的转化，以增强人们对自然规律的确信性和科学性。中华人民共和国国家计量技术规范 JJF 1001—2011《通用计量术语及定义》4.1 节中"测量"的定义是"通过实验获得并可合理赋予某量一个或多个量值的过程"。上述定义包括三层内涵：（1）测量是操作，这种操作既可以是简单的、对测量准确度要求不高的动作，比如在家量体温、测血压或斟满一杯（升）啤酒等，也可以是一项复杂的科学实验，比如量子传输测量、国土面积的测量、纳米材料结构的测量等；（2）这里强调的全过程，从明确或定义被测量开始，包括选定测量原理和方法、选用测量标准和仪器设备、控制影响量的取值范围、进行实验和计算，一直到获得具有适当不确定度的测量结果；（3）测量目的在于确定量值，量值一般由一个数乘以测量单位所表示的特定量的大小计算得出。

这里没有限定测量范围和测量不确定度,因此测量适用于诸多方面和领域[2]。

随着全球化和我国经济的发展,测量结果是否可信,或者测量的质量(品质)如何,是人们极其关心的问题。测量的准确性可能直接影响到国家和企业的经济利益。举个简单的例子:天然气进口中以体积流量为结算依据,如果管道中天然气体积流量测量不准,势必造成一方多付费或多供气,甚至有可能引起经济纠纷。测量的质量往往成为科学实验成败的重要因素。比如单层石墨烯的发现,因为不能测量到如此薄的二维材料,所以只能作为理论预言而存在,直到 2004 年英国曼彻斯特大学物理学家安德烈·海姆(A. Geim)和康斯坦丁·诺沃肖洛夫(K. Novoselov)用微机械剥离法成功从石墨中分离出石墨烯,并通过原子力显微镜(Atomic Force Microscope,AFM)和电学测量证实它可以单独存在[3],对于石墨烯的研究才开始活跃起来,两人也因此共同获得 2010 年诺贝尔物理学奖。测量结果是科学研究成果的评价依据,也是产品检验、合格评定、司法裁定等判断的依据。凭什么说某项成果达到了国际先进水平?凭什么说该项产品不合格?凭测量结果!由测量结果得出的结论还是政府管理决策的重要依据,例如决策石墨烯产业发展方向、决策航天卫星的发射窗口、决策雾霾治理的措施等。错误的或不可信的测量结果会导致错误的决策或动摇决策者的信心,从而延误时机。

1.2.2　计量

门捷列夫曾经说过:"没有测量,就没有科学。"很多时候,突破技术进步的瓶颈有赖于关键测量技术难题的解决。测量的本质是被测量的参考标准[4]。科学不是局部的活动,因为自然规律是普遍的,在伦敦的发现,在巴黎、华盛顿或月球上同样有效。要就科学问题进行国际对话,就必须有一个通用的科学语言及对科学理论和实验结果进行描述的基本原则。最通用的科学语言就是数学,例如我们学过的牛顿定律、爱因斯坦方程 $E = mc^2$,毋庸置疑,数学在世界各地都是一样的。对科学理论和实验结果进行描述的共同语言是"测量",而这种共同语言需要共同的参考标准,这也是国际计量局最初成立的目的和意义。

中华人民共和国国家计量技术规范 JJF 1001—2011《通用计量术语及定义》4.2 节中"计量"的定义是"实现单位统一、保证量值准确可靠的活动"。该活动包括科学技术、法律法规和行政管理上的活动。计量在历史上被称为度量衡，主要器具是尺、斗、秤，秤砣被称为权，至今人们仍用天平代表法制和法律的公平。在英语中，尺子和统治者是同一个单词"ruler"。这些都表明计量是象征着权利和公正的活动。

测量的目的是确定被测量的量值，最终满足社会需求。因此，要求在不同时间、地点由不同操作者用不同仪器所确定的同一个被测量的量值应当具有可比性。只有当选择测量单位遵循统一的准则，并使所获得的量值具有必要的准确度和可靠性时，才能保证这种可比性。计量正是达到这种目的的重要手段之一，在这个意义上可以广义地认为，计量是对"量"的定性分析和定量确认的过程。

计量也是一门学科，称为计量学。计量学是关于测量的科学。计量学涵盖测量的理论和实践的各个方面，而不论测量的不确定度如何，也不论测量是在科学技术的哪个领域中进行的。从学科发展来看，计量学是物理学的一部分，后来随着领域和内容的扩展而形成了一门研究测量理论与实践的综合性科学。特别是计量学作为一门科学，它与国家法律、法规和行政管理紧密结合的程度在其他学科中是少有的。狭义讲，计量学是测量及其应用的科学，是与测量结果的置信度相关的、与不确定度相联系的一种规范化测量。

人们从不同的角度对计量学进行过不同的分类。国际上趋向于把计量学分为科学计量、工程计量和法制计量，分别代表计量的基础、应用和政府起主导作用的社会事业。这时，计量学简称为计量。

科学计量是指基础性、探索性、先行性的计量科学研究，通常用最新的科技成果来精确地定义与实现计量单位，并为最新的科技发展提供可靠的测量基础。科学计量是国家计量研究机构的主要任务，包括计量单位与单位制的研究、计量基准与标准的研制、物理常量与精密测量技术的研究、特性参数与准确测量方法的研究、量值溯源与量值传递系统的研究、量值比对方法与测量不确定度的研究等。

工程计量也称为工业计量或产业计量,是指各种工程、工业、企业中的实用计量,例如有关能源或材料的消耗、工艺流程的监控、产品质量与性能的测量等。工程计量涉及面广,随着产品技术含量提高和复杂性增大,为保证经济贸易全球化所必需的一致性和互换性,工程计量已经成为生产过程控制不可缺少的环节。工程计量测量能力,实际上是一个国家工业竞争力的重要组成部分,在以高技术为基础的经济架构中显得尤为重要。

法制计量是与法定计量机构工作有关的计量,涉及对计量单位、计量器具、测量方法及测量实验室的法定要求。法制计量由政府或授权机构根据法制、技术和行政的需要进行强制管理,其目的是用法规或合同方式来规定并保证与贸易结算、安全防护、医疗卫生、环境监测、资源控制、社会管理等有关的测量工作的公正性和可靠性,这些工作涉及公众利益和国家可持续发展战略。

1.2.3 计量特点

随着科技、经济和社会的发展,计量的内容从最初的 7 个基本物理量,即长度、质量、时间、电流、热力学温度、物质的量、发光强度,扩展到高新领域,如生物、医学、环保、新材料、信息、软件等方面。计量的特点取决于计量所从事的工作,即为实现单位统一、量值准确可靠而进行的科技、法制和管理活动。计量具备准确性、一致性、溯源性和法制性,但测量并不必须具备上述计量的四个特征。

准确性是指测量结果与被测量真值的一致程度。由于实际上不存在完全准确无误的测量,因此在给出量值的同时,必须给出适应于应用目的或实际需要的不确定度范围。否则,所进行测量的质量(品质)就无从判断,量值也就不具备充分的实用价值。所谓量值的准确,即是在一定的不确定度、误差极限或允许误差范围内的准确。

一致性是指在统一计量单位基础上,无论在何时、何地,采用何种方法,使用何种计量器具,由何人测量,只要符合有关的要求,其测量结果就应在给定的区间内一致。也就是说,测量结果应是可重复、可再现(复现)、可比较的。换言之,量值是准确可靠的。计量的一致性不仅限于国内,也适用于国际,例如国际比对

　　　　　　　　　　　　　　　　石墨烯材料质量技术基础:计量

结果应在等效区间或协议区间内一致。计量的核心实质是对测量结果及其有效性、可靠性的确认，否则计量就失去其社会意义。

溯源性是指任何一个测量结果或计量标准的值都能通过一条具有规定不确定度的连续比较链与计量基准联系起来。这种特性使所有的同种量值都可以按照这条比较链通过校准向测量的源头追溯，也就是溯源到同一个计量基准，从而使准确性和一致性得到技术保证。否则，量值出于多源或多头，必然会在技术上和管理上造成混乱。因此，量值溯源是指自下而上通过不间断的校准而构成溯源体系，而量值传递则是自上而下通过逐级检定而构成检定系统。

法制性来自计量的社会性，因为量值的准确可靠不仅依赖于科学技术手段，还要有相应的法律、法规和行政管理。特别是对国计民生有明显影响、涉及公众利益和可持续发展及需要特殊信任的领域，必须由政府主导建立起法制保障。否则，量值的准确性、一致性及溯源性就不可能实现，计量的作用也难以发挥。美国、英国、德国等42个国家把计量（度量衡）写入宪法，作为中央事权和统一管理国家的基本要求。美国和德国的国家计量院院长都由总统任命。

简而言之，计量属于测量的一种，源于测量而严于测量，它涉及整个测量领域，并按法律规定对测量起着指导、监督、保证的作用。科学计量既为工程计量和新技术发展提供测量基础，又为法制计量提供技术保障，或者说法制计量是以科学计量为其行政执法的技术基础。实际上，科技、经济和社会发展对单位统一、量值准确可靠的要求越高，计量的作用就越显重要。因此，计量事业理所当然地属于国家的质量基础设施事业[2]。

1.3 测量误差与测量不确定度

1.3.1 测量误差

很难追溯误差的概念起源于何时，但早在 1862 年，Foucault 采用旋转镜法在地球上测量光的速度时，给出的测量结果为 $c = (298\,000 \pm 500)\,\text{km/s}$，即在给出测量结果的同时,还给出了测量误差。由此可见,误差的概念在 100 多年前就已经出现。误差在应用中出现两方面的困难:逻辑概念上的问题和评定方法的问题[5]。

中华人民共和国国家计量技术规范 JJF 1001—2011《通用计量术语及定义》5.3 节中"测量误差"的定义是"测得的量值减去参考量值"。在定义注解描述中,当存在给定约定量值的单个参考量值,或者测量标准校准仪器的测得值的不确定度可忽略的单个参考量值时,测量误差已知;当参考量值是真值时,测量误差未知。测量误差是说明被测量之值偏离参考量值程度的参数,即测量结果是否接近参考量值。

当测量误差已知时,误差是一个为正值或者负值的测量值。误差与测量结果有关,而测量结果只能通过测量才能得到,因此误差也只有通过测量才能得到,仅仅通过分析评定的方法无法得到误差。比如对于同一个被测量,当在重复性条件下进行多次测量时,可能得到不同的测量结果,因此这些不同测量结果的误差是不同的。当测量结果大于真值时,误差为正值;当测量结果小于真值时,误差为负值。因此,误差不能以"±"形式出现。

测量误差未知是因为一个量的真值是在被观测时本身所具有的真实大小,只有完善的测量才能得到真值。任何测量都存在缺陷,完善的测量是不存在的,因此真值是一个理想的概念。既然真值无法确切地得到,此时误差就无法准确地得到。

用一张图来更形象地描述带误差的测量结果 $M = T + e$ 或者 $M = T - e$,其中 M 为测量结果,T 为真值,e 为误差绝对值,见图 1-4。沿图中的箭头方向,e 值逐渐增大,说明箭头方向不同位置代表测量结果的不同地位。e 值越小,测量结果 M 越接近真值 T,那么测量结果 M 的质量就越高,证明测量水平越高。

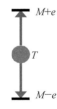

图 1-4 带误差的测量结果示意图

1.3.2 测量不确定度

1963 年,美国国家标准与技术研究院(NIST)前身美国国家标准局(NBS)的数理统计专家艾森哈特(Eisenhart)在研究"仪器校准系统的精密度和准确度的估计"时首次提出了测量不确定度的概念,并受到国际上的普遍关注。术语"不确定度"源于英文"uncertainty",原意为不确定、不稳定、疑惑等,是一个定性表示的名词。当用于描述测量结果时,其含义被扩展为定量表示,即定量表示测量结果的不确定度。此后到 1986 年,国际组织进行了不确定度具体表示方法的统一和推广。由于测量不确定度及其评定不仅可以适用于计量领域,而且可以应用于一切与测量有关的其他领域,1986 年,国际计量委员会(CIPM)要求国际计量局(BIPM)、国际电工委员会(IEC)、国际标准化组织(ISO)、国际法制计量组织(OIML)、国际理论和应用物理联合会(IUPAP)、国际理论和应用化学联合会(IUPAC)及国际临床化学联合会(IFCC)七个国际组织成立专门的工作组,起草关于测量不确定度评定的指导性文件,并于 1993 年以七个国际组织的名义联合发布了《测量不确定度表示指南》(Guide to the Expression of Uncertainty in Measurement,GUM)和第二版《国际通用计量学基本术语》(International Vocabulary of Basic and General Terms in Metrology,VIM)。随后,国际实验室认可合作组织(ILAC)也表示承认 GUM。上述这些国际组织几乎涵盖了所有与测量有关的领域,从而表明了 GUM 和 VIM 这两个文件的权威性。1998 年和 1999 年,我国先后颁布了国家计量技术规范 JJF 1001—1998《通用计量术语及定义》和 JJF 1059—1999《测量不确定度评定与表示》,与国际组织颁布的最新版 GUM 和 VIM 一致。

中华人民共和国国家计量技术规范 JJF 1001—2011《通用计量术语及定义》5.18 小节中"不确定度"的定义为"根据所用到的信息,表征赋予被测'量'量值分散性的非负参数"(依据 2008 版 VIM 给出)。GUM 中"不确定度"的定义是"表征合理地赋予被测量之值的分散性,与测量结果相联系的参数"。测量不确定度从词义上理解,意味着对测量结果可信性、有效性的怀疑程度或不肯定程度,是定量说明测量结果质量的一个参数。实际上,由于测量不完善和人们认识不足,所得的被测量之值具有分散性,即每次测量结果不是同一个值,而是以一定概率分散在某个区域内的许多个值。测量不确定度就是说明被测量之值分散性的参数,而不说明测量结果是否接近真值。

测量不确定度一般由若干分量组成，其中一些分量可根据一系列测量值的统计分布，按测量不确定度的 A 类评定进行评定，并可用标准偏差表征；而另一些分量可根据经验或其他信息所获得的概率分布函数，按测量不确定度的 B 类评定进行评定，也用标准偏差表征。通常对于一组给定的信息，测量不确定度是相应于所赋予被测量之值，该值的改变将导致相应的不确定度的改变。所有这些分量应理解为都贡献给了分散性。由此可见，区别在于误差表示为一个"点"，不确定度表示一个"区间"，是没有带正号或负号的参数。

同样用一张图来形象地描述带不确定度的测量结果 $M = C \pm \mu$，其中 M 为测量结果，C 为测量结果的中心值，μ 为测量不确定度，见图 1-5。从图中看出，测量结果的真值未知，但是以一定概率落在 $[M - \mu, M + \mu]$ 内。沿图中箭头方向，μ 值增大，只说明测量结果的分散区间增大，并不说明测量结果 M 更接近真值。真值的位置未知，也就是说，箭头方向不同位置的测量结果地位实际上是相同的，这也是带不确定度与误差的测量结果的本质区别。μ 值越小，说明测量结果逼近真值的概率越大，那么测量结果 M 的质量越高，证明测量水平越高。

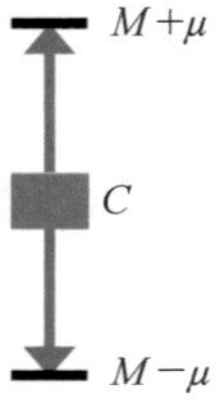

$M+\mu$

C

$M-\mu$

图 1-5 带不确定度的测量结果示意图

测量不确定度评定适用于各种准确度要求的各类测量领域，因而也将渗透科学技术的各个领域。

（1）国家计量基准和各级计量标准的建立

其适用于在建立国际计量基准和各级计量标准时，评定和给出其复现的标准量值的测量不确定度。

（2）计量标准、检测设备及测量方法国内外比对

其适用于计量标准、检测设备及测量方法之间的国内外比对。参与比对的各方给出测量结果时必须给出测量不确定度。通过对参加比对实验室所得数据的处理，得出测量结果一致性评价。比对结果是测量结果可信度的证明，也是对实验室技术能力的一种验证。

（3）标准物质的定值和标准参考数据的发布

其适用于在标准物质按规定的方法定值后，其标准值连同其不确定度的发

布;同样适用于标准参考数据连同其不确定度的发布。

（4）测量方法标准、检定规程、校准规范等技术文件的编制

当编制测量方法标准、检定规程和校准规范时,应该分析和评定该方法的测量不确定度,以便使用者在分析测量不确定度时作为参考或作为分量加以使用。

（5）科学技术研究及工程领域的测量

其适用于一切科技与工程项目。所有的科技成果都必须以测量结果和测量不确定度来评价其水平。例如,重大工程的方案论证离不开测量不确定度的分析和预估,高校学生在毕业论文设计中的测量结果应该正确使用测量不确定度,同样关于测量不确定度的知识也适用于大专院校的测量课程。

（6）计量认证、计量确认、质量认证及实验室认可

在计量认证、计量确认、质量认证中,要根据相关标准对测量设备能否满足产品质量检测的要求、测量结果和测量不确定度能否满足使用的要求进行评审;在实验室认可中,对测量范围和测量不确定度的考核是对该组织的技术能力的评定。

（7）测量仪器的校准和检定

测量仪器是人们测量时必不可少的工具,为了保证其质量满足使用要求,必须进行定期校准或检定,此时应该给出校准值或标准值的测量不确定度。

（8）生产过程的质量控制和产品检验

其适用于制造厂在生产过程中进行质量控制和产品检验时对测量结果的表述及合格评定。

（9）贸易结算、医疗卫生、安全防护、环境监测及资源测量

凡是需要测量的,都需要记录测量结果和测量不确定度,以备质量追溯,包括所有商品或产品的检验,都需要合格后才能投放市场。

1.4　标准物质

计量标准有计量标准设备、标准物质和标准测量方法三种表现形式,标准物

质是计量标准的表现形式之一。标准物质产生于 1906 年,原美国国家标准局(NBS)第一次正式颁布了铸铁、转炉钢等五种标准物质。迄今为止,标准物质已经历了 100 多年的发展历史,在世界各地得到快速发展和应用,成为计量体系中至关重要的一环。20 世纪 80 年代,ISO 指南 30:1992《标准物质常用术语和定义》基于主要标准物质研制者和使用者群体的需求和经验,由包括国际计量局和国际标准化组织在内的七个国际组织共同定义了标准物质。我国国家计量技术规范 JJF 1005—2005《标准物质常用术语和定义》等均采用了该定义。2006 年,ISO 指南 35:2006《标准物质——认定的通用原则与统计学原理》重新定义了标准物质,标准物质和有证标准物质的定义如下。

(1)标准物质(RM) 它具有一种或多种足够均匀和稳定的特定特性,该特性的确立适用于其在测量过程中的预期用途。

(2)有证标准物质(CRM) 它是采用计量学上有效的程序对其一种或多种特定特性进行表征的标准物质。该标准物质附有证书,证书中提供了其特定特性的值及不确定度,以及计量学溯源性的声明。

2007 年,国际计量局联合有关国际组织对硅基计量学基本和通用术语词汇表 VIM 进行了修订,并于 2007 年出版 VIM 第三版(ISO/IEC 指南 99:2007),其中包括标准物质和有证标准物质,标准物质和有证标准物质的定义如下。

(1)标准物质(RM) 它的某些特性足够均匀和稳定,该特性的确立适用于其在测量和标称特性检测中的预期用途。

(2)有证标准物质(CRM) 它附有权威机构发布的文件,该文件中提供了参照有效程序获得具有不确定度和溯源性的一种或多种特性量值。

两个 ISO 文件给出的定义没有本质的区别,均是参照相同技术文件所描述的有效程序进行制备和认定。区别是 VIM 第三版(ISO/IEC 指南 99:2007)"标准物质"的定义中增加了如下内容:(1)标称特性检测中的预期用途;(2)标准物质的"特性"有"量值"和"标称特性值"两层含义及它们各自的使用目的,值可以是定性的,也可以是定量的。定性标准物质提供标称特性值。有证标准物质的定义中用"文件"取代了 ISO 指南 35:2006 中的"证书",且强调证书发布主体应该是"权威机构"。

标准物质是以特性量值的稳定性、均匀性和准确性为主要特征，这三个特征也是标准物质的基本要求。

（1）稳定性

稳定性是指标准物质在规定的时间和环境条件下，其特性量值保持在规定范围内的能力。

（2）均匀性

均匀性是物质的一种或几种特性具有相同组分或相同结构的状态。理论上，如果物质的各部分之间的特性量值没有差异，那么该物质就这一给定的特性而言是完全均匀的。然而物质各部分之间特性量值是否存在差异，必须用实验方法才能确定。因此，所谓均匀性是指物质各部分之间特性量值的差异不能用实验方法检测出来。故均匀性概念包括物质本身的特性和所用的计量方法，例如计量方法的精密度（标准偏差）和试样的大小（取样量）等。

（3）准确性

准确性是指标准物质具有准确计量的或严格定义的标准值。通常在标准物质证书中，同时给出标准值及其不确定度。当标准值是约定真值时，还会给出使用该标准物质作为"校准物"时的计量方法规范。

1.5　计量的作用

1.5.1　计量对国民经济的作用

国际计量局提出国家计量体系由计量单位制、国家基（标）准和量传体系、计量法律法规、国家法制计量机构、计量技术机构及认可构成。计量是控制质量的基础，被称作工业生产的"眼睛"和"神经"。计量在各个领域以多种形式进入我们的生活，但很多时候我们感觉不到计量的存在。实际上，计量体系的平稳运行是社会、经济和日常生活的重要基础。英国贸易与工业部（DTI）用图表方式直观地给出计量对国内生产总值（GDP）的作用，见图1-6。计量不仅对个人消费和政府购买有作用,而且影响投资和进出口的水平和质量,可以为政府决策和投资方向提供技术依据,是投资信心的决定因素之一。

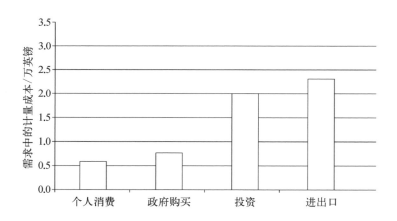

图 1-6 英国 DTI 统计计量对 GDP 的作用

　　技术创新是现代经济增长的核心动力,发达国家技术创新的贡献已是 GDP 的主要部分。计量是技术创新的基础,计量推动技术创新。英国 DTI 的阶段门(Stage-Gate)模型说明了计量在产品设计、生产和销售过程中发挥的重要作用,见图 1-7。据欧盟计量计划 2002 年统计,计量通过支持技术创新对欧盟国民生产总值(GNP)的贡献为 0.77%,达 610 亿欧元。英国 DTI 对 1990—1998 年国家计量体系的经济收益评价也得出类似的结论,从计量支持全要素生产率(TFP)的角度计算,计量对国内生产总值(GDP)的贡献为 0.8%,约每年 50 亿英镑。

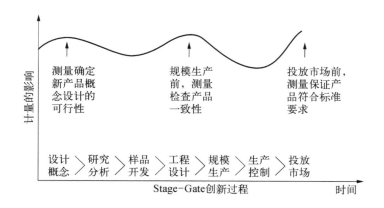

图 1-7 计量对技术创新过程的影响

1.5.2　计量在基础研究中的作用

计量除了在产品生产制造过程中起到质量控制和保障大规模重复、可靠生产的作用,在基础研究领域也起到重要的作用。门捷列夫曾经说过:"没有测量,就没有科学。"2010 年诺贝尔物理学奖的获得很好地说明了这一点。20 世纪 40 年代就已经通过计算模拟出石墨烯的结构,但是因为一直无法测量得到该材料的实验证明,所以迟迟不能确定该材料的存在。2017 年,*Nature* 期刊发表了一篇英国国家物理实验室(NPL)专家撰写的关于计量是结果复现的关键的文章[3]。文章指出,所有学科科学家必须和测量专家合作才能确保结果可比,并给出了一个关于放疗的例子。放疗是采用离子辐射来杀死或影响癌细胞的实践活动,尽管对临床环境中患者的治疗剂量有严格的规定,但研究细胞辐射影响的实验室没有类似的规定。2013 年,美国国家标准与技术研究院(NIST)的一份调研报告发现,在 *Radiation Research* 期刊发表的年度有价值文章中,只有 7% 的工作引用了已经确定下来的剂量标准和指南。NIST 给出的调研结论是放射生物测量"经常不足,从而削弱了研究结果的可靠性和可重复性",这导致了临床前研究转化为临床实践的障碍,并且不必要地增加了研究中使用的动物数量。目前,美国许多研究中心正在进行剂量标准化的工作,这说明准确测量(计量)对基础研究结果的可重复性及基础研究成果向产业应用具有重要作用。文章强调,计量学家代表着节约时间和提高测量结果的精度。很多时候,突破技术进步的瓶颈有赖于关键测量技术的解决和研究结果的可靠性和可重复性。

1.6　材料计量概述

材料科学是研究材料的组织结构、性质、生产流程和使用效能,以及它们之间相互关系的科学。材料科学是多学科交叉与结合的结晶,是一门与工程技术密不可分的应用科学。材料的高质量研发和生产与工艺、设备研发、生产密不可分。设备既是工艺和材料的载体,又是为材料和工艺服务的,因此这几个方面构成一个三角形,只有形成闭环,材料的高质量研发和生产才能有意义,而缺少任何一个都是不行的。材料产业的一个重要目标是材要成料、料要成器、器要好用。

材料计量是关于材料及其生产过程测量和应用的学科,是在材料研发、生产制造体系内研究计量单位统一和量值准确可靠的活动。材料计量作为新兴计量领域的出现,是传统计量的继承和延续。传统计量是针对长(度)、热、力、电、光、磁、声及化学成分量等单一参数进行准确测量技术研究。传统计量以实现单一参数量值的设备为测量对象,聚焦于 SI 基本单位的复现、量值溯源和量值传递技术研究。而材料计量的测量对象从实现单一参数量值的测量设备转变为材料及其生产过程的量值溯源和量值传递技术。当材料自身为测量对象时,需要从材料结构、组成和性能的多个参数进行测量,并根据测量结果进行综合分析;当材料生产过程为测量对象时,需要从保证生产批次一致性和产品质量进行关键参数布控、参数准确测量的多维度测量及其应用。

材料计量是通过减小测量过程中的"不确定度"实现的[6]。不确定度的定义是表征合理地赋予被测量之值的分散性,与测量结果相联系的参数[2,5,7]。通俗地讲,不确定度是在一定概率下由不同实验室或不同操作人员所测量之值围绕中心量值波动的范围,如测量某材料 X 射线衍射角 $2\theta = 23° \pm 2.0°$ 中的 $2.0°$ 即为不确定度。我们可以想象一下,波动范围越大(即不确定度越大),测量值的分散性越大、一致性越差,这时依据这些不确定度很大的测量值,一方面从科学研究角度,调整实验方案研发的试错周期就会延长,造成研发新产品的周期越长;另一方面在产品质量方面,将造成产品质量的一致性越差。因此,减小不确定度是缩短研发周期、提升产品质量的重要手段,这也是计量技术对质量提升和保证的重要贡献之一。为了尽可能地减小不确定度,要分析引入不确定度的来源,找出对最终不确定度贡献最大的分量,这个分量也是对研究结果准确性影响最大的因素。一旦找出这个最大影响因素,就可以在生产与科研过程中进行有针对性、有目的的改进,这样目的性明确的实验研究将有助于大大缩短研发周期,快速解决产品质量提升中的困难。因此,材料计量是支撑材料产业发展的质量基础设施之一[8],其目标是实现材要成好料、料要成好器、器才能好用。

1.6.1　材料计量研究内容

材料计量与传统计量存在着较大的区别。传统计量是以单一的 SI 基本单位(如长度单位米、时间单位秒、电学单位安培等)的量值复现、溯源和传递为研究内容[1-8(a)],以实现目标的设备为研究对象。而材料计量的研究对象为千差万别、种类纷繁的材料,包括材料研发、质量控制所涉及的关键参数及生产过程控制所涉及的参数。例如当完整、准确地描述一种材料时,其微观结构、组成、化学性能和物理性能是关键计量参数[图 1-8(b)],而这些参数的准确测量与测量设备、测量方法密切相关。因此,材料自身(研发、质量控制)的计量技术研究内容包括测量设备溯源和标准方法建立、量值传递和方法验证所需要的标准物质研制,以及使测量结果国际等效的国际比对;材料生产过程的计量技术研究内容包括生产制造工艺流程中各种参数三维布控和在线校准[图 1-8(c)]。随着科学技术的进步,对新材料研发提出了更高要求,其中压缩研发周期、提升研发效率成为新材料研发的重要课题,因此材料计量研究内容得到进一步延伸,基于材料组织结构与性能准确测量量值而建立材料数据库成为各国计量院材料计量新的研究内容。由此可见,材料计量是多参数的计量技术研究。

图 1-8　传统计量与材料计量研究内容示意图

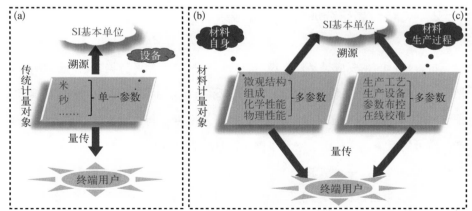

(a)传统计量研究内容;(b)材料自身的计量技术研究内容;(c)材料生产过程的计量技术研究内容

材料计量各要素的具体解释如下：（1）测量原理通常指具有普遍意义的基本规律，是材料计量的理论基础，从科学的原理出发指导材料计量整个过程；（2）测量设备通常是指基于测量原理、满足材料特性参数精确度测量需求的设备，并满足不间断溯源至国际单位制（SI）基本单位的要求；（3）测量方法通常包括得到满足测量需求待测样品的前处理方法及确保测量结果一致性的最佳测量条件和操作过程；（4）数据处理是指依据测量原理对非直接显示测量数值的测量结果进行迭代、拟合、分峰等处理过程；（5）不确定度评定是指依据测量原理对测量设备、测量方法及数据处理过程所有不确定度来源分量进行计算和确定的过程；（6）材料计量标准物质是指用于材料特定参数测量设备检定校准和保证材料特定参数测量方法有效性和一致性的标准物质；（7）国际（计量）比对是指在国际组织平台上，在规定条件下，在相同量的计量基准、计量标准所复现或所保持的量值之间进行比较、分析和评价的过程[8]；（8）材料生产制造过程中的材料计量要素是指材料生产制造工艺流程中各种参数（如温度、湿度、流量、厚度等）、测量设备在生产线上的布控和校准及对这些参数的测量；（9）材料数据库是材料组织结构与其性能关系的基础参数，是新材料设计、仿真研究的基础，只有基于国际公认准确数据的新材料设计和仿真研究，才能得到期望的新材料设计和仿真方案，才会正确指导新材料的制备实验去验证新材料设计和仿真结果，从而真正缩短新材料的研发周期。

1.6.2 材料计量研究成果及社会服务

材料计量的主要成果是标准设备、标准物质（包括参考数据）及标准方法（包括校准规范）。服务手段是借助标准物质、标准方法、标准装置、数据库等，通过校准、检测来提供社会服务，以实现对材料研发及生产制造过程中数据的信心和产品质量的保证。这种信心来源于国家计量院在国际计量组织平台上的各种国际计量比对的等效一致结果。

图 1-9 给出材料研究、生产实践过程中所涉及的计量溯源及为社会服务的路径。对于计量科研人员而言，主要沿着图 1-9(a)所示的路径，依据测量原理开展

针对某一材料特定参数测量设备、测量方法及数据处理分析的研究。一方面，基于测量原理研究和测量设备溯源技术、标准物质研究，将量值溯源至 SI 基本单位，确保测量设备测量结果准确可靠；另一方面，在设备溯源的基础上，通过国际比对开展测量方法一致性及标准物质研究，确保测量结果的一致、等效，建立标准方法。终端用户量值溯源路径如图 1-9(b)所示，依据已有的标准物质、校准规范和标准方法，将工作环境中的测量设备和测量方法溯源至 SI 基本单位。通过校准规范和标准物质相结合对设备进行校准测量，通过标准方法和标准物质相结合对待测样品进行测量，将校准过的设备测量得到的准确量值传递给终端用户，确保终端用户在全世界/全国范围内测量结果一致、等效，从而完成对材料产业的质量保证和提升的基础支撑，实现材要成料、料要成器、器要好用这一重要目标。

图 1-9　材料研究、生产实践过程中实现准确、可靠的路径

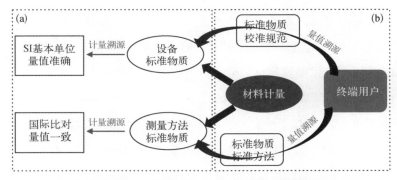

（a）计量科研人员研究路径；（b）终端用户量值溯源路径

1.6.3　材料计量国内外现状

材料计量是科学计量和应用与工业计量的结合。国际计量局（BIPM）材料计量研究可追溯至 19 世纪 90 年代开展的铁镍合金结构与其热学和机械性能研究，研究者纪尧姆（C.E. Guillaume）因此于 1920 年获得诺贝尔物理学奖。目前，国际计量局（BIPM）在国际计量委员会（CIPM）的物质的量咨询委员会（CCQM）框架下成立的表面分析工作组（SAWG）开展了薄膜材料关于薄膜厚度、表面成分/组成及拉曼光谱的国际比对；先进材料与标准凡尔赛合作计划（VAMAS）开

展了关于碳基纳米材料、薄膜材料、半导体材料、高分子材料的结构、形貌、组成、纯度/杂质含量、力学/热学/电学/光学性能的比对合作研究；亚太计量规划组织（APMP）的材料计量技术委员会（TCMM）开展了薄膜厚度、力学性能、晶体结构的比对。

世界上计量开展最早、计量社会服务最发达的计量院分别来自美国、英国和德国。这三个国家计量院是目前世界上最先进的计量院，其计量思想和开展的计量活动在世界范围内具有引领作用。

美国国家标准与技术研究院（NIST）是美国国家计量院，早在1901年设立之初给出的使命之一就包括材料计量，即测量物理常数和材料属性，并获国会采纳。今天在NIST网站的首页就凸显了NIST的核心思想：测量、创新、引领，与工业界和科学界同仁一起激发创新和提高生活质量。NIST专门设有材料计量（测量）科学实验室，其主要任务是开展工业材料的组成、结构和性能及生产过程的基础和应用研究，通过研制和传递有证标准物质、参考测量程序、评估过的数据及操作指南来确保测量质量。英国国家物理实验室（NPL）是英国国家计量院，在NPL网站的首页上写着NPL的任务是对商业和政府提供世界领导地位的关键测量解决方案，聚焦于研发和创新、提升生活质量和促进贸易。德国联邦物理技术研究院（PTB）和德国联邦材料研究与测量部（BAM）是德国两个国家计量院，前者趋向物理参数计量，后者趋向化学和材料参数计量。BAM在其网页上这样描述自己的责任和角色：BAM代表德国和全球市场化学和技术安全的高标准，是进一步提升"德国制造"质量文化精髓的技术基础，主要开展材料和器件的物理和化学相关测量和评估，为联邦政府、企业及材料领域国内和国际组织提供建议。

以美国NIST材料计量实验室的研究为例，在NIST材料计量（测量）科学实验室的网页上，明确写着材料计量的任务：确保和提升测量科学中的准确可靠性。材料计量科学实验室通过测量各种材料组成、结构和性能，标准物质、科学标准的参考数据、纸质标准及证明已有方法有效性和实现新技术的其他方法和材料，最前沿的设备、方法、模型和软件在一定尺寸和时间范围内精确及准确测量材料，基础测量科学研究支持核心能力和孕育创新这四方面支撑国家材料科学需求。

　　在国外,特别是在发达国家,计量概念深入人心,无论基础研究领域还是产业都深刻理解计量的重要作用,企业会主动到国家计量院寻求支持企业的产品升级换代和质量控制的技术服务。先进国家设备生产企业与本国国家计量院合作,在世界范围研发、生产、销售各类材料表征测量设备。例如德国布鲁克公司与德国计量院 PTB 合作生产制造 AFM,并且 AFM 计量标准建立在 PTB;在我们访问 BAM 的时候就参观了 BAM 为企业提供的玻璃高温熔融和淬火的技术服务;美国 VLSI 公司与美国计量院 NIST 合作,对全世界销售溯源至 NIST 的标准样品和标准器。

　　在我国,材料计量作为新兴领域在社会上普及率不高,材料生产企业对材料计量的认识大部分止步于传统计量的检定校准,而对于材料计量对企业产品质量提升和控制的具体帮助认识并不深刻。而以基础研究为主体的高校、科研院所因为没有市场贸易,对材料计量基本上没有认识,停留在材料表征阶段。这已经暴露出一些问题,比如因为论文数据不可靠而被退稿。在科研单位,材料研究者往往认为表征、测量他们都在做,不需要材料计量,造成材料计量概念推广困难。殊不知材料计量对准确测量结果的把控可以大大缩短基础研究和产业产品研发试错周期,提高研发效率和产品质量。我国有一个非常典型的现象,就是经济越发达的地区对材料计量的认识和需求越迫切,而经济欠发达地区几乎没有材料计量。这一规律在国内外是相同的,经济越发达的国家/地区越需要材料计量,说明材料计量对经济发展的支撑作用。

　　中国计量科学研究院于 2012 年成立了新材料计量实验室,从"十二五"开始着手碳基纳米材料、薄膜材料、颗粒材料的计量技术研究,参与国际计量组织的比对活动,针对材料晶体结构、几何结构、化学结构及热、电、光性能等参数开展了计量技术研究,建立了掠入射 X 射线反射技术、X 射线衍射仪、透射电镜、拉曼光谱、块体材料塞贝克系数等的量值溯源和传递路径,发布纳米尺度膜厚(厚度校准、透射电镜低放大倍率校准)、晶面间距(透射电镜高放大倍率校准)、拉曼频移和拉曼相对强度国家一级标准物质 20 余种,相关标准方法和规范校准 10 余项,主导和参加国际比对 10 余项。中国计量科学研究院材料计量在国际计量、标准组织中也发挥了重要作用。中国计量科学研究院新材料计量实验室任玲玲博士是 APMP/TCMM 的现任主席、VAMAS/TWA41 的联合主席、ISO/TC229 的中国注册代表,姚雅萱博士是 CCQM/SAWG 的注册代表。实验室借助这些国际组织平台主导国际比对,依托比对成果立项 ISO 和 IEC 国际标准,使研究成果共享共用,推动了该领域技术的发展。

1.7　国际计量组织

从 1.6.3 小节的介绍中可以看出,材料计量与国际计量组织的活动密切相关,这是由计量的准确性、可靠性及溯源性的特性要求所决定的。在国际公认的国际组织中开展国际计量比对是达到这些特性要求的重要技术路径。因此在这里简单介绍与材料计量相关的国际组织。目前,世界上与材料计量相关的国际组织有国际计量局(BIPM)、亚太计量规划组织(APMP)及先进材料与标准凡尔赛合作计划(VAMAS)。

1.7.1　国际计量局（BIPM）

统一国际计量体系的想法是在 1851 年英国伦敦第一届世界博览会上第一次出现的,因为展会上根据来源国的不同,展品的技术规格既有英制和米制,也有其他单位,这使众多项获奖产品的评选工作极其复杂,因此产生了统一国际计量体系的想法。在 1855 年的法国巴黎世界博览会和第二届统计学大会上,提出了成立统一计量体系国际委员会的倡议。1875 年 5 月 20 日,17 个国家签署《米制公约》,成立国际计量局,开展米和千克原器制造,以满足科学、工艺、制造和商业活动发展的需求。

国际计量局(BIPM)是国际计量大会和国际计量委员会(CIPM)的执行机构,是一个常设的世界计量科学研究中心。BIPM 是一个中立而自治的机构,它不依附于任何现有政府间的组织,没有参加任何国际联盟或协会,只同联合国教科文组织、国际原子能机构、欧洲原子能共同体、国际法制计量局等有互通情报和相互联系的协议。根据国际计量委员会和法国政府签订的协议，它在法国领土享有治外法权和豁免权，法国政府承认它是公益机构。它的主要任务是保证世界范围内计量的统一，具体负责如下内容：建立主要计量单位的基准；保存国际原器；组织国家基准与国际基准的比对；协调有关基本物理常数的计量工作；改进有关的计量技术。

国际计量大会是《米制公约》的最高组织形式，如无特殊情况，每 4 年召开一次。国际计量委员会是《米制公约》的常设组织，每年 9 月、10 月在法国巴黎召开一次会议。《米制公约》要求每个成员国交纳会费，这些巨额会费全部用于国际计量局的科研经费、人员工资及运行费。国际计量委员会（CIPM）下设学术机构——咨询委员会，负责研究和协调所属专业范围内的计量学术问题，目前已建立电学与磁学（CCEM）、热（CCT）、时间与频率（CCTF）、长度（CCL）、电离辐射（CCRI）、单位（CCU）、光与辐射线（CCPR）、质量及相关量（CCM）、物质的量/化学与生物计量（CCQM）及声学、超声波和振动（CCAUV）等 10 个咨询委员会，咨询委员会下设立"工作组"。1977 年 5 月 20 日，我国加入《米制公约》。5 月 20 日是"世界计量日"。

国际计量局的主要任务是研制并保持国际单位基准。早期着重于对各成员国的国际单位基准开展校准，但数十年来更侧重于基本单位的基准研究工作。1999 年 10 月，第二十一届国际计量大会通过关于"国家计量基标准互认和国家计量机构签发的校准与测量证明互认协议"（简称"互认协议"）的决议，并在国际范围内组织关键量比对，而国际计量局起指导与核心作用。全部关键量比对的数据归入国际计量局的关键比对数据库（KCDB），并可在互联网上查阅。由此可以看出，今后国际计量局直接对个别国家开展检定的工作将会大为减少。

这里再介绍一下"互认协议"。"互认协议"可以认为是在国家计量院之间建立有关计量基标准和校准与测量能力证书的准确性和可靠性互信的一种机制，它同时也是使客户建立对国家计量院信心的一种机制。"互认协议"的目标是建立由国家计量院维护的国家计量基标准之间的等效度，实现国家计量院签发的校准与测量证书之间的互认，从而为政府和其他部门签订有关国际贸易、商业和管理等更为广泛的国际协议提供可靠的技术基础。实现这些目标的机制是测量结果的国际比对(称作关键比对)、测量结果的辅助比对、国家计量院的质量体系和能力证明。这个看似简单的互认机制从 1986 年被草案提出到 1999 年达成最终协议,反映出国际比对的实施本身就是一件需要严谨规定的事情,并专门出版了《关键比对指南》。在"互认协议"实施近 20 年来,《米制公约》框架下开展的工作内容比以前丰富得多,国家计量院之间的关系变得更加紧密,对比对结果的研究及质量体系互认的开展所需的多方接触让各国科研人员之间走得更近了。这反映出各国对实现有据可查的测量结果国际等效性的迫切需求,也反映出可靠的测量为政府诸多重要决策提供了基础性支撑这一更为普遍的共识[4]。

对于新兴的材料计量(测量),实现国际互认的重要途径就是国际比对。只有通过严格的国际比对,使测量结果国际一致等效,才能证明建立的测量能力有效可靠,只有这样才能在签署"互认协议"的国家间量值等效采用。

1.7.2 亚太计量规划组织（APMP）

英联邦科学委员会(CSC)于 1977 年倡导建立区域性国际计量合作组织,以加强本地区各国之间的计量合作。比如美洲建立了泛美计量体系(SIM),由美洲国家组织成员国组成;以苏联国家为主体的欧亚地区国家建立了欧亚计量合作组织(COOMET);非洲建立了泛非计量体系(AFRIMETS);太平洋西岸国家建立了亚太计量规划组织(APMP)。APMP 是由亚太地区各经济体的计量技术机构组成的一个非政府性区域计量组织。该组织有 20 余个国家和地区的计量机构,我国于 1980 年加入该组织。该组织不设固定秘书处,由协调人办公室负责经常性的秘书工作,协调人由指导委员会主席担任,任期 3 年。

APMP 的宗旨是通过计量领域的合作与交流及专业技能和信息的共享,促进本地区国家和经济体计量技术机构或基准实验室测量能力的国际互认。主要工作如下:(1)交换有关计量工作的情报;(2)对建立计量标准和校准装置提出建议和咨询;(3)提供传递标准和有关设备;(4)各国计量基准、标准的国际对比;(5)计量设备的校准和维护;(6)计量人员的培训;(7)实验和标准程序的协调。

目前，APMP 设立了专门的材料计量技术委员会（TCMM）。材料性能一般依据像 ISO 标准等文件标准规定的特定程序进行测量，但是缺少正确的溯源性，并且极少考虑测量程序的不确定度，因此将导致相当大的差异，这已经被许多参加比对实验室的测量数据验证了。APMP/TCMM 的目标就是通过把材料计量引入测量标准框架中来减少这种差异。TCMM 致力于在各个国家和经济体计量院中建立材料测量数据的等效一致性，TCMM 为实现这一目标提供比对，同时为成员提供在 KCDB 注册校准与测量能力（CMCS）程序。一旦各国家和经济体计量院建立了等效测量能力，就可以通过校准体系（经常是标准物质）将他们的测量能力向其他测量实验室传递。目前，该委员会有 8 个研究院所：澳大利亚国家计量院（NMIA）、中国计量科学研究院（NIM）、香港标准校准研究所（SCL）、印度国家物理研究所（NPLI）、日本国家计量研究院（NMIJ）、新西兰计量标准研究院（MSL）、韩国标准科学研究院（KRISS）、马来西亚标准与工业研究院（SIRIM）。

1.7.3　先进材料与标准凡尔赛合作计划（VAMAS）

先进材料与标准凡尔赛合作计划（VAMAS）是 1982 年在法国凡尔赛举办的经济峰会后由发达国家 G7 集团政府首脑和欧盟代表提出成立的，目前已经扩展到 17 个国家和地区。其宗旨是促进创新和使用先进材料的国际贸易，通过国际比对项目合作，为新材料测量方法、检验结果、规范及标准的一致性提供技术基础，支撑国际贸易。VAMAS 建立了材料特性量测量结果一致性的比对平台，主要参与方为各国国家计量院，是材料应用与工业计量的一个有力国际组织。中国计量科学研究院代表中国政府于 2013 年签署加入 VAMAS 的备忘录。VAMAS 秘书处常设 NIST 和 NPL，代表主要来自各国国家计量院。

2016 年，我国 VAMAS 代表、中国计量科学研究院任玲玲博士提议并联合英国国家物理实验室（NPL）合作申请成立石墨烯及其二维材料工作组，成为 VAMAS 的第 41 技术工作组（TWA41）。*Nature*[3] 称赞 VAMAS/TWA41 工作组的工作：VAMAS 超平二维材料测量工作组运行很好。依托搭建的 VAMAS/TWA41 平台，中国计量科学研究院与发达国家计量院就材料计量、标准开展了实质性的合作工作,比如开展的石墨烯材料关键特性量需求国际调研。在国际组织中,中国计量科学研究院实质性参与了国际材料计量的规划和设计,实质性促进了国际材料计量与标准融合,实质性发挥了中国计量科学研究院在国际材料计量领域的影响力。

依托搭建的 VAMAS/TWA41 平台,在已经立项的 7 个项目中,中国主导 6 个项目均是基于 NQI 项目中国计量科学研究院的研究成果,并顺利提交成为 APMP/TCMM 的联合比对项目,使国内比对与国际比对进行了有效连接。其中一个石墨烯化学组成比对项目结果已经在 ISO/TC229 中立项,使计量与标准进行了有效融合,充分体现了计量对高质量标准的支撑。

1.8　计量比对

从 1.6.3 小节和 1.7 节的介绍中可以看出,获得测量结果公认的途径是在国际计量组织下开展计量比对工作,本节简单介绍一下计量比对的概念。

比对从技术角度讲是一个计量学专业术语。中华人民共和国国家计量技术规范 JJF 1117—2010《计量比对》对"计量比对"有专门定义:"计量比对是在规定条件下,在相同量的计量基准、计量标准所复现或保持的量值之间进行比较、分析和评价的过程。"比对的作用如下:考查实验室测量量值和出具测量结果的准确一致的程度;考核计量基准、计量标准、环境条件、人员水平、检测方法、数据处理、管理能力、材料供应等方面的实际水平和能力;确保测量量值准确、一致、可靠。比对的结果可作为各种认证、认可和考核的评审证据及实验室能力的有效证明。比对是一个严格的技术过程,由主导实验室负责实施,按照预先规定的条件测量传递标准。通过分析测量结果的量值,确定各实验室测量结果与参考值的一致程度,分析各实验室的量值与参考值在合理的不确定度范围内的符合程度,从而判断该实验室的测量能力。从比对过程可以看出,比对中涉及主导实验室、传递标准、数据收集及分析、确定量值一致程度、分析量值符合程度、判断测量能力。只有从技术上满足上述六个方面的要求,才能完成一个有价值的比对。

在这里简单介绍比对组织者和主导实验室所负的责任和应具备的条件。比对组织者的责任如下：（1）确定主导实验室；（2）确定参比实验室；（3）必要时设置专家组；（4）召集比对实施方案讨论和比对总结会；（5）对比对实施方案和比对总结报告进行审批并备案；（6）监督比对过程。主导实验室应具备的条件如下：（1）在技术上具备优势，参加过相关量的国际比对或对比对有较深入了解；（2）在比对涉及的领域内有稳定、可靠的计量基准或者计量标准，其测量不确定度符合比对的要求；（3）具有与所承担比对主导实验室工作相适应的技术能力的人员；（4）环境条件、材料供应满足要求。主导实验室的责任如下：（1）预先估计比对的有效性，设计或选择比对结果明确、可靠、溯源性清晰的比对方案并起草比对实施方案；（2）确定稳定、可靠的传递标准及适当的传递方式；（3）开展前期实验，包括但不限于传递标准的重复性、均匀性和稳定性实验及运输特性实验；（4）对传递标准采取必要的包装措施，保证传递过程的安全；（5）汇总参比实验室的实验数据及相关资料，分析结果，编写比对总结报告；（6）遵守有关比对的保密规定。

目前，中国计量科学研究院在 APMP/TCMM 主导比对 1 项，内容是为了适应国际单位制改革提出的米单位溯源至自然常数的发展，而开展的采用中国计量科学研究院发布的 Au{111} 晶面间距国家一级标准物质（GBW13655）校准透射电镜测量 Si{220} 晶面间距的比对；中国计量科学研究院在 VAMAS/TWA41 主导比对 6 项，主要是关于石墨烯相关二维材料厚度、片层尺寸、功能基团、碳氧比、金属杂质含量、BET 比表面积等测量方法的国际比对，比对结果输出为国际标准（ISO/IEC）和国家标准。

1.9　总结与展望

1.9.1　总结

材料计量有一个核心和两个目的。一个核心就是以量值准确为核心，而两个目的是确保量值国际等效支撑国际贸易的目的和支持国内产业质量保证和提升的目的。确保一个核心的途径如图 1 - 10 绿色部分所示,通过溯源性研究而建立、发布材料测量参数相关的计量标准设备、标准物质及标准测量方法,这是科学计量的主要研究内容。而两个目的是通过图 1 - 10 橘色部分的国际互认和计量成果应用来实现的。实现量值国际等效的途径是在国际计量组织内主导或参加国际比对,使比对结果在有效区间内。实现材料计量支持国内产业质量保证和提升的途径是通过校准规范和计量标准、标准物质开展校准服务,通过准确测量结果建立材料参考数据库,通过标准测量方法提供材料结构-性能一体化分析解决方案,甚至开展材料设计、建模和仿真工作,为材料高效研发和成果转化提供技术支持,最终打造材料产业国家质量基础,完成服务国家重点研发计划和社会及产业发展的公益责任。因此,材料计量是一个产业需求引导发展的量值传递扁平化的计量门类。

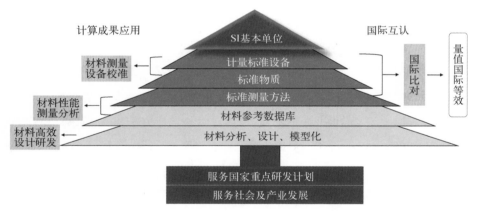

图 1 - 10 材料计量支撑产业发展示意图

材料计量的主要作用是节约研发时间、人力和物力,提高研发效率,提升产品质量。在材料的研发设计、生产制造过程中,通过专业的计量学研究将快速地发现问题、解决问题,从而更快、更好建立准确测量方法。

1.9.2 展望

材料、信息、生物被认为是当前世界新技术革命的三大支柱。材料计量未来发展是基于对已知材料结构、组成、性能的准确测量,建立起每种材料结构与性能的关系,大量数据存放在数据库中。当设计一种新的材料时,利用数据库中材料结构与性能的大量数据进行新材料设计、建模和仿真,减少材料研发过程中的实验室尝试次数,缩短研发周期。对新研发的材料进行结构与性能的准确测量,并将数据存于数据库中,为进一步材料研发提供技术储备。

德国提出的第四次工业革命(工业4.0)和美国先进制造伙伴计划(AMP 2.0)都对材料计量有重点的描述和支持。2013年4月,德国在汉诺威工业博览会上正式推出工业4.0的概念,即以智能制造、智能生产为核心,以互联为手段,以计量测量为重要的核心技术体系。

美国正在执行先进制造伙伴计划(AMP 2.0)的子计划——材料基因组计划(MGI),其由美国国家标准与技术研究院(NIST)承担,提供了未来材料计量在创新领域应用的一个很好案例。MGI明确提出制造业中的先进传感、先进控制和平台系统,虚拟化、信息化和数字制造及先进材料三个制造技术优先领域,主要内容为建立标准的基础设施、建立准确测量方法、建立参考数据库及材料设计、建模和仿真。

中国政府对材料发展非常重视。2015年5月8日,国务院正式印发《中国制造2025》,提出坚持"创新驱动、质量为先、绿色发展、结构优化、人才为本"的基本方针,坚持"市场主导、政府引导,立足当前、着眼长远,整体推进、重点突破,自主发展、开放合作"的基本原则,构建"一二三四五五十"的总体结构,其中新材料是十个重点领域之一。基于新材料的发展及其对国计民生的重要支撑作用,2017年1月23日,中华人民共和国工业和信息化部、中华人民共和国国家发展和改革委员会、中华人民共和国科学技术部、中华人民共和国财政部联合制定的《新材料产业发展指南》已正式印发,提出到2020年,关键战略材料综合保障能力超过70%,新材料创新能力不断提高,产业体系初步完善,并明确了将"完善新材料产业标准体系"作为材料九大发展重点方向之一。随着新材料创新步伐持续加快,国际市场竞争将日趋激烈,对材料产业质量保证和提升的要求越来越高,加强NQI体系建设尤为关键。NQI是指一个国家建立和执行计量、标准、认证认可、检验检测等所需的质量体制框架的统称,包括法规体系、管理体系、技术体系等。NQI也是保障经济和社会发展的基础。

材料计量在NQI体系中具有典型的示范意义,因为材料计量内容不仅包括计量标准和标准物质的研究开发,更重要的是有效测量方法研究。有效测量方法研究是材料计量的主体研究内容之一,其研究成果将表现为高质量的技术标准,通过认证认可和检验检测执行上述高质量标准,从而为产品质量保证和提升提供高水平服务。因此材料计量是NQI体系中计量与标准的无缝对接。材料计量对产业发展的支撑作用越发明确。在实施《中国制造2025》、调整产业结构、推动制造业转型升级的关键时期,新材料质量性能、保障能力等被提出了更高要求。材料计量必须紧紧把握历史机遇,集中力量、加快发展建设,提升新材料产业保障能力,支撑中国制造实现由大变强的历史跨越。

在国内外调研基础上,梳理出我国急需材料计量的产业有以下四类。

一是先进基础材料,如纳米材料。这类材料用量少,企业生产规模不大,但如果产品质量高,利润率很高。这种材料在市场中以质取胜而不是以量取胜。这类材料的特点是技术含量高,研发周期越短越好,需要大量科研人员(知识)、测量技术(设备)及数据分析(专业)的支持。

二是功能器件,如存储器、传感器等。功能器件由纳米级或微米级厚度薄膜构成。在微纳尺度对测量和质量控制提出更大挑战,技术含量高。

三是测量设备,如材料结构、组成、性能表征分析设备。目前,我国在设备研发设计、生产制造方面与国外还有一定差距,设备质量的提升需要计量技术支持。

四是可靠的数据,如材料基因组数据库中的数据。可靠的数据是数据挖掘与分析的基础,因此数据遴选与验证需要计量技术支持。

通过计量学研究,从搭建工艺、数据采集、数据分析方面开展不确定度来源分析,发现系统误差及随机误差的来源,并提出消除系统误差和减小其他不确定来源的解决方案,从而在设备工程设计、搭建中给出科学的技术支持。这是计量学研究的独特贡献,只有通过计量学研究,从量值准确的要求出发,从量值传递到终端用户的需求出发,才能通过实验设计、数据分析发现问题、解决问题。

参考文献

［1］ 朱星，Benjamin Skuse.国际单位制基本量的新定义［J］.物理，2018，47（12）：795－797.

［2］ 国家质量技术监督局计量司.通用计量术语及定义解释［M］.北京：中国计量出版社，2001.

［3］ Sené M，Gilmore I，Janssen J T. Metrology is key to reproducing results［J］. Nature，2017，547(7664)：397－399.

［4］ 泰瑞·奎恩.从实物到原子：国际计量局与终极计量标准的探寻［M］.张玉宽，译.北京：中国质检出版社，2015.

［5］ 倪育才.实用测量不确定度评定［M］.3版.北京：中国计量出版社，2009.

［6］ 任玲玲.石墨烯材料 NQI 技术全链条实施经验［J］.计量学报，2019，40（3）：538－540.

［7］ JJF 1059.1—2012.

［8］ JJF 1117—2010.

第 2 章

国家质量基础设施
及石墨烯材料计量

讲到石墨烯产业，就不得不讲质量。质量问题是人民群众高度关注的问题。党的十八大以来，中央明确提出要把推动发展的立足点转到提高质量和效益上来。习近平总书记突出强调"三个转变"，即"推动中国制造向中国创造转变、中国速度向中国质量转变、中国产品向中国品牌转变"。李克强总理提出，以质量的提升"对冲"速度的放缓，把经济社会发展推向"质量时代"。党的十九大报告突出强调了质量，要求大力提升发展质量和效益，提出坚持质量第一、推动质量变革、增强质量优势、建设质量强国、实现高质量发展等重大命题。

我国国家标准 GB/T 19000—2016/ISO 9000：2015《质量管理体系　基础和术语》对"质量"的定义是"一组固有特性满足要求的程度"。特性包含某事或某物中固有特性和赋予特性。固有特性是某事或某物本来就有的特性，如螺栓的直径和材料的光、电、热性能等；赋予特性不是某事或某物本来就有的，而是完成产品后因不同的要求而对产品所增加的特性，如产品的价格、硬件产品的供货时间和运输要求（如运输方式）、售后服务要求（如保修时间）等。因此在产业中，质量形成过程需要从价值链（赋予特性）分析和特性参数（固有特性）测量两方面来考虑。赋予特性更多取决于管理体系，而固有特性是可以通过客观检测来呈现和定量评价，因此后面阐述的质量观特指产品固有特性的质量观。

2.1　我国古代质量观——度量衡

实际上，在中华文明起源的伏羲女娲时代就已经具有质量控制的观念，伏羲女娲图腾（图 2-1）就很好证明了这一点。从代表繁衍、兴旺的图腾中可以看出，女娲右手执规，伏羲左手执矩，说明图腾中规和矩对兴旺发达有不可缺少的作用，这里的规和矩就是计量的代表。目前，这幅伏羲女娲图腾就被临摹在中国台湾工业技术研究院（ITRI）大厅中，是中国最早的计量符号。我国古代思想家、文学家、政治家荀子（约公元前313年—公元前238年）在其《荀子·礼论》中明确阐述了我国古代的质量观："规矩诚设矣，则不可欺以方圆"，即通过计量（规和矩）形成标准（规矩）来规范质量（方圆）。人们比较熟悉的是出自《孟子·离娄上》的一句贤文："不以规矩，不能成方圆。"进一步表达了以计量（规和矩）为基础的质量观（制作出方形和圆形物品）。这一质量观从形成之初贯穿中华文明的整个历史。

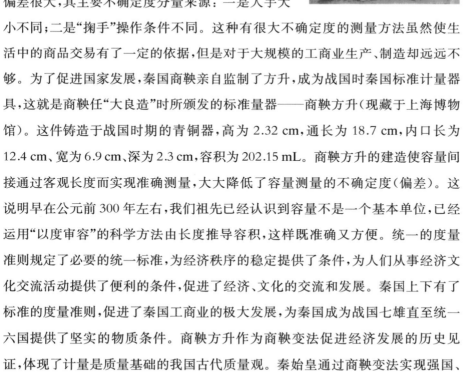

图2-1　伏羲女娲图腾

在原始社会，人们已经采用"一手为溢""掬手为升"的体积测量方法，为物品交换提供了容量标准，使商品交易变得有据可循。但是这个容量标准偏差很大，其主要不确定度分量来源：一是人手大小不同；二是"掬手"操作条件不同。这种有很大不确定度的测量方法虽然使生活中的商品交易有了一定的依据，但是对于大规模的工商业生产、制造却远远不够。为了促进国家发展，秦国商鞅亲自监制了方升，成为战国时秦国标准计量器具，这就是商鞅任"大良造"时所颁发的标准量器——商鞅方升（现藏于上海博物馆）。这件铸造于战国时期的青铜器，高为2.32 cm，通长为18.7 cm，内口长为12.4 cm、宽为6.9 cm、深为2.3 cm，容积为202.15 mL。商鞅方升的建造使容量间接通过客观长度而实现准确测量，大大降低了容量测量的不确定度（偏差）。这说明早在公元前300年左右，我们祖先已经认识到容量不是一个基本单位，已经运用"以度审容"的科学方法由长度推导容积，这样既准确又方便。统一的度量准则规定了必要的统一标准，为经济秩序的稳定提供了条件，为人们从事经济文化交流活动提供了便利的条件，促进了经济、文化的交流和发展。秦国上下有了标准的度量准则，促进了秦国工商业的极大发展，为秦国成为战国七雄直至统一六国提供了坚实的物质条件。商鞅方升作为商鞅变法促进经济发展的历史见证，体现了计量是质量基础的我国古代质量观。秦始皇通过商鞅变法实现强国、最终统一六国的过程说明我国古代质量观为统一的度量衡，其可促进国家经济高质量发展。

2.2　现代质量观——国家质量基础设施

进入到工业高速发展的现代，国家质量基础设施（NQI）成为现代质量观。NQI 是指一个国家建立和执行计量[1]、标准[2]、合格评定（通常指检验检测和认证认可统称）[3] 所需的质量体制框架的统称，包括法规体系、管理体系、技术体系等。与交通、通信、水利、文化教育、医疗卫生等基础设施一样，NQI 也是保障经济和社会发展的基础。NQI 概念最早由联合国贸易和发展会议（UNCTAD）、世界贸易组织（WTO）在 2005 年《出口战略创新》的报告中共同提出。2006 年，联合国工业发展组织（UNIDO）和国际标准化组织（ISO）发布研究报告，正式提出 NQI 的概念，明确计量、标准化、合格评定为 NQI 的三大构成要素，其已经成为未来世界经济可持续发展的三大支柱，是政府和企业提高生产力、维护生命健康、保护消费者权利、保护环境、维护安全和提高质量的重要技术手段，这三个支柱能够有效支撑社会福利、国际贸易和可持续发展。NQI 概念一经提出，就引起了国际社会的高度关注，至今已被国际社会广泛接受。计量、标准、合格评定（检验检测和认证认可）对人类社会进步和工业发展发挥着不可或缺的基础性作用[4,5]。

NQI 三大构成要素中的计量是指实现单位统一、保证量值准确可靠的活动，是测量的科学与应用。标准是指为了在一定范围获得最佳秩序，经协商一致并由公认机构批准，共同使用和重复使用的一种规范性文件。合格评定中的检验检测是对产品安全、功能等特性或者参数进行分析测量、检验检测，必要时进行符合性判断的活动；认证是有关产品、过程、体系和人员的第三方证明，类似于"担保人"和"证人"；认可是对检验、认证等机构的资格审核。作为一个完整的技术链条，NQI 各构成要素就像齿轮一样必须密切咬合，才能发挥作用，如图 2 - 2 所示。计量如地基一样，稳稳支撑着高标准的制定和实施，是控制质量的基础；

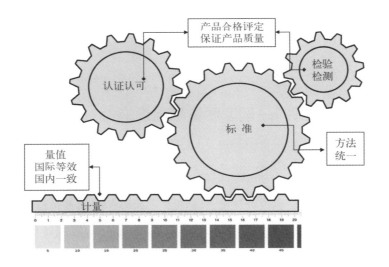

图 2-2 NQI 各构
成要素之间的作用

而标准基于计量技术成果经协商一致制定成为规范性文件,成为检验检测和认证认可的依据,因此标准是体现了计量价值的载体;检验检测和认证认可通过计量手段判断是否符合标准。简单地说,计量解决准确测量的问题;实际需要多大的量,就形成了标准;标准执行得如何,就需要通过检验检测和认证认可来判定。因此,计量是控制质量的基础,标准是引领质量提升的依据,合格评定是传递质量信任的手段。

NQI 对经济增长的贡献十分显著。根据有关方面的研究,中国、德国、法国、英国和奥地利标准化对本国经济增长的贡献分别达 7.88%、27%、23%、12% 和 25%。工业化国家的测量活动对国民生产总值的贡献达 4%~6%,超过 80% 的贸易必须经过计量才能实现。因此只有计量地基牢固,才能制定高质量的标准;才能依据高质量的标准进行检验检测,得到高质量的数据;依据高质量的数据才能对产品质量给出高水平的认证,从而促进产品质量的提升,真正实现质量强国目标。

NQI 各构成要素能够集成进行全链条实施依赖于具有一致的核心,即关键参数一致,测量量值准确。比如目前市场上最广泛生产的还原氧化石墨烯产品,是根据国家标准[6]定义以单层石墨烯为结构单元组成的 10 层以内、通过氧化后还原得到的材料,而企业在产品贸易中提出 5 层以内、晶型完整的还原氧化石墨烯指标需求。基于这一需求,NQI 研究首先开展准确测量方法研究,从而建立有效的层数(利用原子力显微镜、拉曼光谱、透射电镜)和晶型(利用 X 射线衍射角 $2\theta = 23°\pm2.0°$)的测量方法。其主要体现在每种测量结果评估出不确定度方面,正如在 1.6 节中通过 X 射线衍射角 2θ 不确定度减小的案例所描述的:质量提升是通过减小测量"不确定度"实现的。由于这些方法通过比对和不确定度评定证明准确可靠,在产品质量提升方面,企业就对依据这些测量方法得到的数据有信心,从而准确判断产品质量的高低;在研发方面,企业为了提高竞争力,根据可靠的测量数据改善生产工艺来提升产品质量,从而保证在市场竞争中的有利地位。由此可见,无论对于科学研究还是产业界,测量量值准确可靠、等效一致是提高研究效率、提升产品质量的根本保证。

准确可靠测量方法的建立需要计量技术的研究,包括量值溯源和国际比对。四大国际组织国际计量局(BIPM)、国际法制计量组织(OIML)、国际实验室认可合作组织(ILAC)、国际标准化组织(ISO)负责人于 2011 年 11 月 9 日联合签署了《BIPM、OIML、ILAC、ISO 对计量溯源性的联合声明》,中心内容是计量溯源性是使测量结果具备世界范围内的等效性、建立国际信任的要素之一。在溯源研究基础上,通过国际比对[9]使测量结果等效一致,才能确定测量方法是准确可靠的。依据准确可靠测量方法制定国际标准、国家标准、团体标准等各类标准,才能依据这些标准进行检测,实现不同实验室(无论国际还是国内)测量结果可比,带给产业和市场可靠的信心。由此可见,NQI 核心就是以计量技术为源头的数据准确可靠和等效一致。对于产品,参数量值的大小决定产品的质量高低,参数量值的数据来源于测量技术。NQI 各技术研究本质上是以数据说话的基础研究,其中减小不确定度是实现质量保证和提升的重要手段。

2.3　计量在国家质量基础设施中的基础地位

NQI 发端于计量。先进的计量技术能够带动从基础材料、基础元件到重大装备、关键工艺乃至最终产品整个产业链的质量提高,并为质量改进提供路线图,从而优化产业结构,提高产品和服务的附加值。计量是控制质量的基础,被称作工业生产的"眼睛"和"神经"。产品生产过程中每个环节质量控制水平的提升,都离不开精准的计量。

20世纪90年代,航天飞机将太空望远镜送上距地面60 km的太空,摆脱了大气层对天文观测的干扰,被认为是当时世界科技的新进展。但是,太空望远镜升空不久便出现故障。几经努力,人们终于查清其中的反射式零值校准器存在着1 mm的误差,影响了太空望远镜的性能,以致太空望远镜变成了"近视",造成不必要的损失。这是一个由于产品特性参数测量结果不准而导致产品质量下降的典型案例。英国劳斯莱斯公司研究表明,研制一种新型发动机的过程中需要进行一系列的计量测量,当尺寸类测量仪器的不确定度为0.75 μm时,需要进行200次试验,耗资2 000万美元;但是当提高测量准确性、将不确定度降低到0.5 μm时,只需要进行28次试验,耗资仅需280万美元。由此可见,计量带来的准确测量不仅可以节省成本,而且可以提升产品质量。

一架大型商用飞机由数以百万计的零部件组成,涉及飞控、液压、电气、航电、动力燃油及环控等数十个复杂系统。每个零部件都需要经过极其严格的精密测量。计量测量工作贯穿了商用飞机从预研到设计、制造、试飞、客服、维修的全寿命周期,起着重要的支撑和保障作用。比如我国航空发动机叶片测量中加速度的振动量值溯源至中国计量科学研究院研制的谐振式高加速度振动标准装置(图2-3),在国际上首次实现了最高10 000 m/s^{2}的振动加速度准确测量,为我国航空发动机叶片高质量生产提供了技术支撑,标志着我国高加速度振动参数测量不再受制于国外。

加拿大曾对商贸检定用计量标准设备的投资效率进行统计,认为其投入收益比为1∶11,即在计量检定方面每投入1加元,就可避免由于计量不准而造成的11加元损失。国外的统计研究表明,测量成本在通信光纤生产成本中约占20%,而在大规模集成电路生产成本中则占到30%。根据美国国家标准与技术研究院(NIST)统计,在半导体生产中,改进热物性测量的投入收益比为1∶5,而改进硅耐热率测量的投入收益比达到1∶37。

从一类产业的有序和可持续发展来看,一个产品从实验室的基础研究到生

　　　　　　　　　　　　　　　　　　石墨烯材料质量技术基础:计量

图2-3 中国计量
科学研究院研制的
谐振式高加速度振
动标准装置

图2-3 中国计量科学研究院研制的谐振式高加速度振动标准装置

产车间的产业化过程中,要经历基础科研阶段、成熟后中试、推广到企业大批量生产的路线。如图2-4所示,NQI各构成要素先后出现在整个路线的不同节点处。研发初期属于技术尝试阶段,为了发现技术的可行性,这时要求相对性测量结果,因此表征技术就能满足要求。随着科研进一步深入,要提出实验方案,并通过测量结果对方案可行性进行评估和验证,因此对测量结果准确性要求大大提高。为了减少试错实验次数、提高科研效率和方案质量,此时提高测量结果准确性、降低测量不确定度就尤为重要(如前面所述英国劳斯莱斯公司的研究结

图2-4 产品研发、生产路线图及NQI各构成要素介入节点示意图

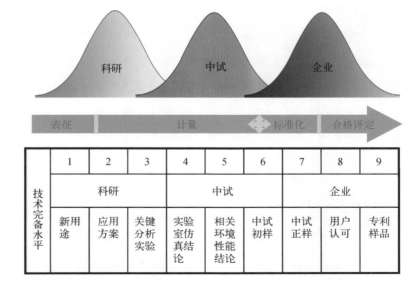

技术完备水平	1	2	3	4	5	6	7	8	9
	科研			中试			企业		
	新用途	应用方案	关键分析实验	实验室仿真结论	相关环境性能结论	中试初样	中试正样	用户认可	专利样品

果），计量就需要在这个节点介入其中，发挥其准确测量的支撑作用。计量介入过程将持续到企业大规模生产过程中客户对产品质量的认可。当产品通过了中试，即将进入大规模产业化生产过程时，标准化工作开始启动，将计量支撑研发和中试的测量成果进行标准化以形成各种标准，作为产品检验和质量控制的依据，保证产品生产批次一致和生产质量可控，从而指导大规模产业化生产。标准化工作从中试末期介入，持续到客户对产品质量的认可。合格评定在大规模产业化生产过程中形成产品时介入，依据前期形成的标准开展产品检验检测和认证认可，为产品质量的可信度进行第三方评价，向市场传递对产品质量的信任。

由此可见，计量是 NQI 各要素的基础。在基础研究的后期，计量通过有效的测量技术介入其中，确保测量结果的可靠性和可重复性，从而提高成果转化效率。在研究成果成功转化后，计量一方面通过检测对产品生产进行质量控制，另一方面将建立的有效测量方法通过标准化，与标准融合，推动成果有序转化和大规模生产。计量是使产品走出实验室、走进生产车间的拐杖，是生产车间中有序、大规模生产的质量控制工具。

中国合格评定国家认可委员会（CNAS）在其认可准则文件 CNAS‐CL01‐G002：2018《测量结果的计量溯源性要求》中开章明义地提出："计量溯源性是国际间相互承认测量结果的前提条件，中国合格评定国家认可委员会（CNAS）将计量溯源性视为测量结果有效性的基础，并确保获认可的测量活动的计量溯源性满足国际规范的要求。"中华人民共和国国家计量技术规范 JJF 1001—2011《通用计量术语及定义》4.14 节中"计量溯源性"的定义是"通过文件规定的不间断的校准链，测量结果与参照对象联系起来的特性，校准链中的每项校准均会引入测量不确定度"。

2.4　纳米技术对计量技术的需求

众所周知，我国纳米技术基础研究论文无论数量和质量都处于世界前列，相关专利数量也是位于世界前列,但是研究成果的产业转化率却很低。究其原因除了工程条件的限制,更重要的是实验室测量结果在产业化过程中不能复现。中国合格评定国家认可委员会(CNAS)在其认可准则文件 CNAS - CL01:2018《检测和校准实验室能力认可准则》(ISO/IEC 17025:2017)6.5.1 节中明确提出了计量溯源性的要求。基于解决实验室测量结果准确性和一致性问题的需求,2004 年 5 月,CNAS 纳米技术专门委员会成立解思深院士任主任委员。实验室认可是对校准和检测实验室有能力进行特定类型校准和检测所做的一种正式承认(定义源自中华人民共和国国家计量技术规范 JJF 1001—2011《通用计量术语及定义》9.47 节)。纳米测量实验室认可活动提出了设备量值溯源的问题,这是从基础研究和产业需求导向提出的计量技术需求,也反映了计量对实验室认可的技术基础地位。

CNAS 纳米技术专门委员会的成立虽然解决了部分实验室质量管理和部分设备测量结果准确性问题,但是当测量不同纳米材料时,仍然无法满足测量结果一致性的要求。为了解决这一问题,2005 年 4 月,白春礼院士主导成立了全国纳米技术标准化技术委员会(SAC/TC279)并任主任委员,其宗旨是制定高质量的纳米技术标准。什么是高质量标准?高质量标准体现在技术类标准中,就是要确保测量结果的一致性。

在纳米技术标准化过程中,人们发现了我国技术标准制定过程中存在的一些共性问题。一是标准的可操作性和测量结果一致性需要提高。主要原因是技术标准制定过程中缺少实验室比对结果来支持和确认标准技术条款,从而保证技术标准的普适性和可操作性。比对是一个计量术语,中华人民共和国国家计量技术规范 JJF 1001—2011《通用计量术语及定义》4.9 节中"比对"的定义是"在规定条件下,对相同准确度等级或指定不确定度范围的同种测量仪器复现的量值之间比较的过程"。二是我国纳米技术标准在国际标准化组织中需要高质量提案。ISO/IEC 等国际标准提案需要召集更多国家参与及基于国际平台的国际多家实验室比对的结果支持提案。我们参加的国际标准提案的经验是参加先进材料与标准凡尔赛合作计划(VAMAS)的比对,依据比对结果在 ISO 或 IEC 技术委员会(TC)提案,这样能够高效立项,并推进标准在各个阶段的实施。计量是主导组织国际和国内比对的主体,能够提供比对要求的技术方案、样品及比对结果的数据处理和评价专业能力,不仅能够为技术标准条款中参数确认、数据一致性提供技术支持,而且通过权威的比对平台召集更多国家参与国际比对,能够使标准测量结果国际等效,为国际标准提案提供技术基础。国际比对通常依托国家计量院在该专业领域的丰富经验、权威平台开展。这充分反映了计量对标准的技术基础地位、对高质量标准编制的技术支撑作用,充分体现了计量在国家质量基础设施中的主导地位。

另外,在我国质量基础设施协同作用方面还存在参数匹配性不高的问题。标准是检验检测及认证认可的依据,因此标准中各参数设置应该与认证认可的参数要求一致;计量需要以标准中各参数的需求开展溯源量传、测量方法比对研究,通过溯源、不确定度评定、比对等计量技术的支持验证测量结果准确性,满足测量结果一致性需要,最终达到计量与标准及检验检测、认证认可的参数一致,使 NQI 各构成要素能协调、高效发挥作用。

全国纳米技术标准化技术委员会(SAC/TC279)充分认识到计量对测量方法结果准确性和一致性的决定性作用、对高质量标准的支撑作用,特将纳米检测技术工作组(SAC/TC279/WG5)的秘书处设立在中国计量科学研究院,促成了纳米技术高质量标准的编制和发布,推动了我国纳米技术标准化的进程。

纳米技术领域基础研究与产业发展几乎同步,这就需要在纳米技术向产业转化过程中标准能够同步提供支持,促进转化的进程。而同步标准的提供需要在计量技术支持下推进基础研究成果的标准化,使测量技术标准测量结果在国际和国内等效一致,使测量技术标准普适和可操作。

2.5 石墨烯材料产业国家质量基础设施技术发展

我国政府高度重视石墨烯材料的开发与应用,在《中国制造 2025》《中华人民共和国国民经济和社会发展第十三个五年规划纲要》和《国家创新驱动发展战略纲要》等国家重大规划文件中都对石墨烯发展进行了规划和布局。2014 年到

2016 年，工信部、发改委、科技部、财政部等各部委陆续发布相关国家政策八项，发展石墨烯材料，对助推我国传统产业改造提升、支撑战略新兴产业发展壮大、带动材料产业升级换代等都有着重要的现实意义。2017 年，国家继续对石墨烯产业提供政策支持。2017 年 1 月 23 日，工信部、发改委、科技部、财政部发布《新材料产业发展指南》，将石墨烯列入前沿新材料先导工程。2017 年 9 月 5 日，《中共中央 国务院关于开展质量提升行动的指导意见》发布，提出"加强石墨烯、智能仿生材料等前沿新材料布局，逐步进入全球高端制造业采购体系"。2017 年 11 月 7 日，国家标准化管理委员会、工信部发布《国家工业基础标准体系建设指南》，开展石墨烯及制品等产品性能与检验方法标准研制。2017 年 11 月 20 日，发改委发布《增强制造业核心竞争力三年行动计划（2018—2020 年）》，重点发展汽车用超高强钢板、新型稀有稀贵金属材料、石墨烯等产品。

2017 年 1 月 4 日，青岛市石墨烯科技创新中心正式获批筹建；4 月 11 日，北京石墨烯产业创新中心在中国航发航材院挂牌成立；11 月 16 日，深圳光明新区与深圳市经济贸易和信息化委员会签订市区共建深圳市石墨烯制造业创新中心示范基地战略合作协议；12 月 8 日，浙江省石墨烯制造业创新中心在宁波揭牌。

截至 2017 年年底，我国在工商部门注册、营业的包含石墨烯相关业务的企业数量达 4 800 家。2017 年，石墨烯粉体产能约 3 000 吨，石墨烯薄膜产能约 350 万平方米，增长规模从 2015 年的 6 亿元增长到 2017 年的 70 亿元。目前已培育出多家龙头企业，如常州第六元素材料科技股份有限公司、宁波墨西科技有限公司、重庆墨希科技有限公司、常州二维碳素科技股份有限公司等。

为了支持石墨烯产业的发展，国家相关部委成立了国家石墨烯产品质量监督检验中心（江苏）和国家石墨烯产品质量监督检验中心（广东）两个检验中心。

在各方的共同推动下，我国石墨烯产业化进程已进入基础研发与产业应用同步的快车道。从图 2-4 中可以看出，目前是石墨烯产业计量介入的最佳时机。在"质量强国"的指导思想下，计量从石墨烯产业研发阶段开始介入，开展准确测量技术的研究，支持国家标准、团体标准和国际标准的制定和发布，根据国家标准委、工信部发布《国家工业基础标准体系建设指南》，开展石墨烯及制品等产品性能与检验方法标准研制。

2018 年，*Advanced Materials*[10] 发表了一篇关于石墨烯材料真伪的文章，分别对来自 60 余家企业的石墨烯材料参数指标进行测量分析，得出大部分产品不是石墨烯的结论。这篇文章很好地提出了关于怎么定义石墨烯及石墨烯类产品命名的问题。*Angewandte Chemie International Edition*[11] 对以单层石墨烯为基础衍生出来的材料做了一个三维分类图（图 2 - 5），分别是 x 轴方向以功能基团（例如 C/O）、y 轴方向以横向片层尺寸及 z 轴方向以纵向层数（或厚度）多少为基础的分类图。根据目前 ISO/TS 80004 - 13：2017 石墨烯术语标准，只有单层石墨烯才能称为石墨烯，在单层石墨烯基础上将衍生出因为横向、纵向尺寸及官能团不同而不同的产品，适用于导热、导电、润滑等不同应用领域，这些产品的统称命名在 2019 年 11 月 ISO/TC229 杭州年会上进行了深入讨论，将统称暂时命名为石墨烯相关二维材料（Graphene and Related Two Dimensional Material，GR2M），从而满足市场贸易的需求。目前在 ISO/TS 80004 - 13：2017 标准中还没有定义。这就造成参考文献[10]所声称的 60 余家石墨烯企业产品大部分不是石墨烯的结论，这与我国企业所声称的石墨烯产品相矛盾。因为在我国产业界把 10 层以内的各种横向和纵向尺寸、各种官能团的石墨烯基产品统称为石墨烯材料，但是这一命名因为 ISO 标准没有定义，所以不被国际接受，这也就出现了前面提到的文章中给出的都是假石墨烯的结论。因此，怎样在国际

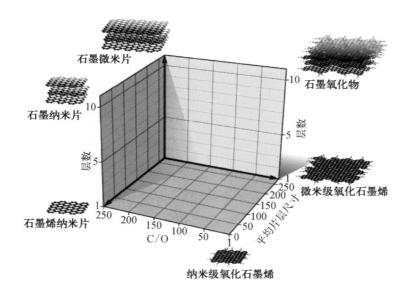

图 2 - 5　石墨烯材料三维分类图

上界定一个科学界和产业界都接受的石墨烯基产品统称的定义对于市场信心、产业发展至关重要。因为只有清晰、明确、简单的完整定义，才有利于科学普及该类材料，才会使市场更好、更明确地进行产品贸易。其他更多问题，比如目前企业自我声称生产或使用的是石墨烯材料，根据什么声称？怎样检测？检测结果是否准确？这些问题都是研发设计和工程生产阶段亟待解决的质量基础共性问题。

为了更好地支持石墨烯材料产业的发展，研究人员基于上述科研界和产业界的各种问题，在 NQI 全链条中以合格评定需求为导向，进行石墨烯材料 NQI 技术研究、集成的顶层设计，梳理出石墨烯材料产业在标准、计量方面的需求和迫切需要解决的问题。如图 2-6 所示，首先对石墨烯材料市场需求进行分析。目前国内石墨烯材料主要包括两部分，一部分是以化学氧化及还原氧化和物理球磨等制备方法生产的石墨烯粉体材料，另一部分是以化学气相沉积（Chemical Vapor Deposition，CVD）等方法生长制备的石墨烯薄膜材料。石墨烯薄膜材料的生产技术和工艺要求相对高，生产产品在市场贸易中只是产品优劣的问题。目前，我国市场上石墨烯粉体材料产品是主体，在市场贸易中由于生产工艺水平的不同，造成产品存在的问题不仅是优劣共存，更重要的是真假难辨。如图 2-7 所示[12]，石墨烯粉体材料中会混合有石墨氧化物、未完全剥离或者未完全还原的石墨烯片，因此，需要建立有效的测量技术来对最终产品进行评判。

图2-6 石墨烯材料市场需求分析

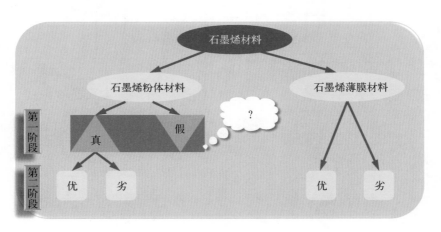

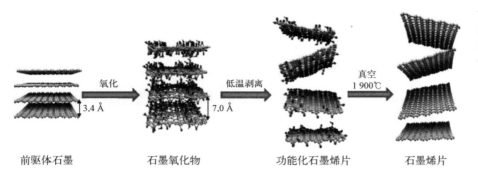

图2-7 化学方法制备石墨烯示意图

氧化　低温剥离　真空
1 900℃

3.4 Å　7.0 Å

前驱体石墨　　石墨氧化物　　功能化石墨烯片　　石墨烯片

　　根据图2-6梳理出的石墨烯材料质量基础共性问题，开展计量技术研究的顶层设计，如图2-8所示。从图2-8可以看出，石墨烯材料的计量技术研究包括设备的校准溯源和对不同测量参数有效测量方法的建立。无论是石墨烯粉体材料还是石墨烯薄膜材料，都首先需要对所采用设备如拉曼光谱、透射电子显微镜（Transmission Electron Microscope，TEM）、扫描电子显微镜（Scanning Electron Microscope，SEM）、原子力显微镜（Atomic Force Microscope，AFM）、X射线衍射仪（X-Ray Diffractometer，XRD）、光学显微镜（Optical Microscope，OM）、X射线光电子能谱（X-Ray Photoelectron Spectroscopy，XPS）、电感耦合等离子体质谱（Inductively Coupled Plasma Mass Spectrometry，ICP-MS）、傅里叶红外光谱（Fourier Transform Infrared

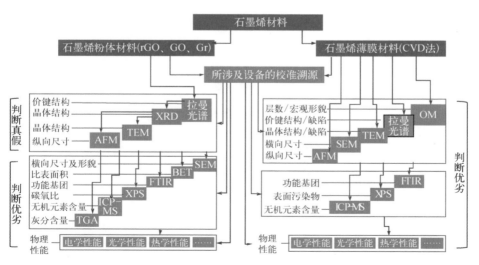

图2-8 石墨烯材料计量技术顶层设计图

Spectrometer，FTIR）、氮吸附比表面积测量仪（Brunauer-Emmett-Teller，BET）、热重分析仪（Thermo Gravimetric Analyzer，TGA）及热、电、光等性能测量设备进行校准或溯源等计量技术研究。如果设备已经完成溯源技术研究，这时可直接采用校准技术，确保测量设备准确可靠；如果设备还没有现成的校准技术规范或标准，需要先对该设备进行溯源技术研究，这主要是国家计量院需要开展的工作。在完成设备校准工作后开展各参数有效测量方法研究。

　　什么叫有效测量方法？下面以国家标准 GB/T 30544.13—2018/ISO/TS 80004-13：2017《纳米科技　术语　第13部分：石墨烯及相关二维材料》对石墨烯材料定义中层数这个最重要参数测量方法的思考方式为例进行简单说明。要实现对石墨烯材料产品的客户信任度传达，就必须对石墨烯材料的层数进行准确测量。众所周知，石墨烯的单层理论厚度为 0.334 nm，三层厚度也仅有 1 nm 左右。如何在如此小的尺寸范围内进行准确测量，对测量设备和测量方法都提出了更高的要求。有效测量方法——AFM 法是目前公认的绝对测量方法之一。第一方面从设备测量准确性考虑，AFM 设备的测量下限要在 1 nm 以下，并能溯源至 SI 基本单位。第二方面从测量方法准确性考虑，在 1 nm 如此小的范围内，材料本身和环境及数据处理对测量结果引入的不确定度远远大于设备溯源性引入的不确定度。图 2-9 是氧化石墨烯样品厚度 AFM 测量结果图。从右图可以看出，红圈内台阶基线由于污染物和仪器噪声造成的误差已经达到 1 nm。怎样确保 1 nm 厚度测量结果

图 2-9　氧化石墨烯样品厚度 AFM 测量结果图

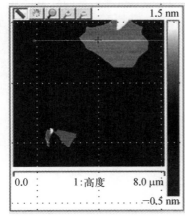

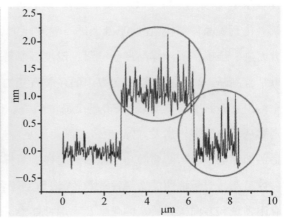

准确是石墨烯材料层数计量（AFM 设备溯源和测量方法）面临的最大挑战，也是石墨烯产业发展的瓶颈问题，涉及产品是否是石墨烯产品的技术信心。第三方面是测量结果一致性问题。通过计量比对对上述测量设备、测量方法及人员、环境等因素综合结果的验证，确保测量结果等效一致。因此，解决石墨烯材料结构、组成、性能准确测量是石墨烯材料产业最迫切的计量需求，具体技术细节请见第 3 章至第 7 章。

在对石墨烯薄膜材料测量方法学的研究过程中，被测样品结构性能的相关参数是产品质量证明的必测参数，因此在测量方法学研究过程中建立 OM 测量宏观形貌及层数，拉曼光谱测量化学结构及缺陷，TEM 测量晶体结构、微观缺陷及微观形貌，SEM 测量横向尺寸、宏观缺陷，以及 AFM 测量纵向尺寸、表面粗糙度等测量方法，并通过国际比对使测量方法等效一致、可操作。相关有效测量方法的建立是石墨烯薄膜材料计量技术研究的首要任务。被测样品化学性能及物理性能的相关参数是产品质量证明的选择性参数，根据产品的应用领域和方向进行选择。只有结构性能参数和选择的化学及物理性能参数结合在一起，才能对一个产品的质量下结论。由此可见，对于某一种产品，有些参数是可以选择测量，但是作为质量基础技术研究，所涉及的所有参数都是必须开展的计量技术研究。

在对石墨烯粉体材料测量方法学的研究过程中，被测样品结构性能的相关参数是产品真假的必测参数，并且由于石墨烯粉体材料的复杂性，结构性能参数测量需要按照测量顺序进行，即先采用拉曼光谱进行化学价键结构表征，证明其具有基本 sp^2 杂化的 C＝C 蜂窝状结构，然后进行 XRD 测量，证明其拥有类石墨或氧化石墨晶体结构，在此基础上进一步进行 TEM 和 AFM 的测量，从微观可视方面进一步确认被测样品形貌、层数、厚度。所得结果与前述拉曼光谱、XRD 结果结合判断，给出是否是 10 层以内的各类石墨烯材料的结论。上述计量技术成果给出真假判断的依据，确保市场交易的信心。但是对于产品质量高低的判断则要从用户的需求出发，产品生产者需要满足生产批次一致性，产品用户需要满足例如导电、导热、防腐等功能需求。同样被测样品化学性能及物理性能的相关参数是产品质量证明的选择性参数，无论是生产者还是使用者，都要根据产品的应用领域和方向选择特定的化学及物理性能参数，结合结构参数进行测量控制，这样才能对产品的生产批次一致性和应用效果的质量下结论。

由此可见,石墨烯材料质量基础的计量技术顶层设计中,依据需求导向不仅就石墨烯材料从市场分类导出计量所需校准溯源的测量设备,而且设计测量参数,并梳理出各参数对不同被测对象的逻辑关系,有助于后续制定系统化的标准,形成体系的采用标准,从而对产品质量保证和提升及贸易的有序进行起到质量基础作用。根据石墨烯材料计量技术研究成果,给出石墨烯材料标准体系顶层设计图(图2-10)。

图2-10 石墨烯材料标准体系顶层设计图

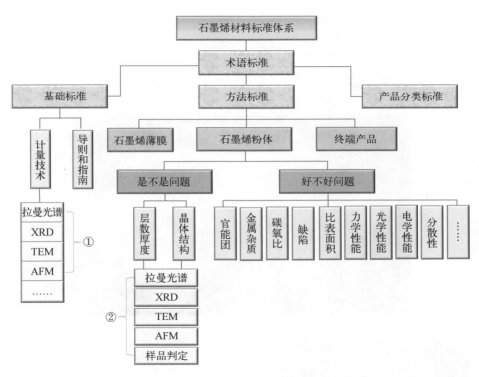

在图2-10中,①部分是关于设备校准方法的标准,②部分是关于设备测量样品方法的标准。在完成①部分中设备校准后,以计量学家注意细节和致力于全球可比性的心态[4]开展不同测量技术研究,建立了石墨烯粉体材料晶体结构、层数、拉曼频移等参数的准确测量方法,并经国际比对实现国际等效互认,编制发布了表2-1所示的5项中关村材料试验技术联盟(CSTM)制定的石墨烯粉体材料团体标准,即图2-10中②部分。检测机构依据这5项标准开展检测,为独

立第三方认证机构开出石墨烯材料产品认证证书,见图2-11。在测量结果支撑下,通过对工厂的检查和合格评定程序,2018年6月28日,在德国德累斯顿举行的"Graphene 2018"全球石墨烯春季大会上,国际石墨烯产品认证中心颁发了全球首张"石墨烯材料"产品认证证书(图2-12),实现了NQI各构成要素集成,并在石墨烯产业中实现了全链条应用,这将推动石墨烯行业规范健康发展。

表2-1 5项CSTM制定的石墨烯粉体材料团体标准表

序号	标准号	标 准 名 称
1	T/CSTM 00166.1—2019	《石墨烯材料表征 第1部分 拉曼光谱法》
2	T/CSTM 00166.2—2019	《石墨烯材料表征 第2部分 X射线衍射法》
3	T/CSTM 00166.3—2019	《石墨烯材料表征 第3部分 透射电子显微镜法》
4	T/CSTM 00003—2019	《二维材料厚度测量 原子力显微镜法》
5	T/CSTM 00168—2019	《石墨烯粉体材料判定指南》

图2-11 石墨烯材料产品认证证书

图2-12 中国科学院院士刘忠范代表山东利特纳米技术有限公司领取了国际石墨烯产品认证中心颁发的全球首张"石墨烯材料"产品认证证书

全球首张"石墨烯材料"产品认证证书的颁发,再次验证了石墨烯粉体和浆料材料关键多参数的准确测量方法及复合评价产品计量技术给市场提供了分辨真假的"眼睛",进一步说明计量是产品质量高低的标杆。NQI各构成要素中"量值"是第一要素;"量值(参数)等效一致"是最终目标,是NQI链条一体化发力的关键;"测量不确定度缩小"是质量提升的手段。在产业不同时期,NQI各构成要素侧重点不同,需要在统筹管理下顺序发力。NQI各构成要素的全链条实施,为计量服务社会提供了渠道,使产业质量保证和提升成为可能;为计量规范市场行为、促进市场流通、提高市场效率提供了保证,使市场交易成本因为信任机制而显著降低。

2.6　石墨烯材料关键特性参数调研

石墨烯由于具有透光性好、导热系数高、电子迁移率高、电阻率低、机械强度高等优异性能,如果能在规模化制备及应用方面取得重大突破,将有望带动新一代信息技术、新能源、高端制备制造等领域快速发展。图2-13给出石墨烯材料从原材料制备到加工成型为终端产品的全生产周期过程所需要的测量技术支持。从图2-13可以看出,关键参数及其测量方法是生产方将生产的石墨烯材料传递到终端用户,即完成贸易的技术关键。生产方需要通过测量技术将关键参数量化(控制指标)以保证生产过程质量控制,终端用户需要通过测量技术将关键参数量化(控制指标)以确认贸易中的产品质量。由此可见,关键参数确认及量化可以更好地支持我国石墨烯产业的基础研究和研究成果的产业转化及产业发展有序进行。

在石墨烯材料研发和产业的初级阶段,通过调研梳理出关键参数计量需求

图2-13　石墨烯材料全生产周期过程所需要的测量技术支持示意图

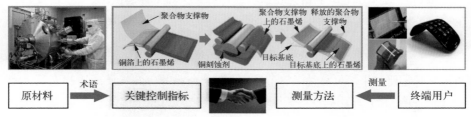

路线图至关重要。因此，中国计量科学研究院对石墨烯材料及其构成的消费品，根据粉体、浆料、薄膜的不同形态及所需要测量参数的难易和急需程度开展调研，尽可能综合了现阶段石墨烯材料自身和作为添加材料消费品所需的评价指标参数及测量方法（测量设备），调研结果为石墨烯材料 NQI 技术路线图。期望调研结果不仅对整个石墨烯材料产业的上下游提供技术上的"共同语言"，而且为决策者提供技术参考。调研内容如表 2-2 所示。

表 2-2　调研内容

组　成	性　　能	参　　数
粉体材料	物理性质	外观/形貌;宽高比;尺寸及其分布;表面积/比表面积;水含量/固含量;pH;单层率;结构;其他
	化学性质	组成;分散性/浓度;Zeta 电位;元素(C、H、O、N、S)/离子含量;纯度(金属);其他
	特性	粉末电导率;热导率;振实密度;其他
浆料材料	物理性质	外观/形貌;粒径尺寸及其分布;分散性;石墨烯含量/固含量;pH;单层率;其他
	化学性质	离子含量;纯度(金属);其他
	特性	电导率;热导率;流动性(黏度);其他
薄膜材料	物理性质	层数;缺陷(岛状结构)分布/缺陷密度;厚度;其他
	化学性质	组成(碳氧比);无定形态;晶体结构;掺杂;其他
	特性	粗糙度;弹性模量;应力/应变;表面电阻/方块电阻;霍尔效应;电子迁移率;电导率;热导率;透光率;折射系数;其他
消费品	物理性质	耐磨;防腐;润滑;保暖;储能;吸附;其他
	功能性测量	远红外吸收/发散;盐雾实验;抗紫外/紫外降解;磨损
测量方法/测量设备	电子显微镜	扫描电子显微镜;透射电子显微镜;场发射显微镜;其他
	近探针显微镜	扫描探针显微镜;原子力显微镜;扫描近场光学显微镜;其他
	光散射光谱	光衍射;动态光散射;小角 X 射线散射仪;X 射线衍射仪;激光粒度分析仪
	材料分析	俄歇电子能谱;拉曼光谱;化学分析用电子能谱;电感耦合等离子体质谱;傅里叶红外光谱;紫外-可见-近红外光谱;其他
	功能性测量	激光热功率计;霍尔效应测量系统;电化学测量系统;纳米压痕仪;其他

根据表 2-2 所做的调研问卷如图 2-14 所示。为了尽可能建立从研发到产业全链条的无缝衔接，尽可能多地选择有实际产能企业进行调研，采用面对面调研、网络（微信）调研等多种形式，共调研83家企业，收到调研问卷43份。为了尽可能保证调研结果的可靠性，被调研人员都是企业的研发成员或质控人员。调研结果见表 2-3 到表 2-7。

　　　　　　　　　　　　　　　　　　　　　石墨烯材料质量技术基础：计量

图 2- 14　调研问卷首页图

中国计量科学研究院关于石墨烯 NQI 项目调研问卷

设计问卷是为了统一石墨烯 NQI 项目中计量、测量方法标准、检验检测等相关参数，解决石墨烯计量标准发展过程中的匹配问题。

问卷包括两部分: A. 样品; B. 参数 / 测量技术 / 测量设备。

对于 A. 样品，请在高、中等、低三个等级中选择对于确定石墨烯材料特性的难易程度。其中:

高 — 根据现有可行技术去确定石墨烯材料特性困难最高;

中等 —据现有可行技术去确定石墨烯材料特性困难中等;

低 —据现有可行技术去确定石墨烯材料特性困难最低;

另外，请在 1 年内、2 年内、3 年内 三个选项中选择对于石墨烯材料特性企业或研究单位所需要准确测量能力的急迫性，其中:

1 年内 — 最迫切需求;

2 年内—中等迫切需求;

3 年内—最低需求;

对于 B. 参数 / 测量技术 / 测量设备,请在 1. 粉体、2. 浆料、3. 薄膜、4. 消费者产品中选择设备被用于什么类型样品的分析，以及在 1. ≤ 100 h/m 、 2. > 200 h/m 选择设备每月使用小时。

由于石墨烯材料自身特性的宽泛和应用广泛性，调研者不能充分列出被调研者感兴趣的特性/设备/功能性。如果被调研者有更多信息，可在每条的其他项中详细列出。

声明: 所有参加调研的组织或个人确保从此调研问卷中得到的信息用于除了在此声明的用途意外的其他任何地方。

表 2- 3　石墨烯粉体材料特性参数测量难易程度及需要准确测量能力急迫性的统计数据

石墨烯粉体材料特性参数	困难高	困难中等	困难低	需求 1 年内	需求 2 年内	需求 3 年内
外观/形貌/宽高比	15.79%	34.21%	50%	55.26%	18.42%	18.42%
尺寸及其分布	43.24%	27.03%	29.73%	45.95%	32.43%	10.81%
表面积/比表面积	2.7%	54.05%	43.24%	35.14%	45.95%	8.11%
水含量/固含量	11.43%	42.86%	45.71%	20%	51.43%	22.86%
pH	8.57%	34.29%	57.14%	25.71%	25.71%	42.86%
单层率	69.44%	25%	5.56%	44.44%	38.89%	8.33%
结构	41.67%	33.33%	25%	41.67%	33.33%	11.11%
组成	27.78%	55.56%	16.67%	58.33%	30.56%	5.56%
分散性/浓度	38.89%	33.33%	27.78%	61.11%	16.67%	19.44%
Zeta 电位	13.89%	38.89%	47.22%	38.89%	38.89%	19.44%

石墨烯粉体材料 特性参数	困难高	困难中等	困难低	需求1 年内	需求2 年内	需求3 年内
元素(C、H、O、N、S)/离子含量(Cl⁻、SO₄²⁻)	44.44%	44.44%	13.89%	58.33%	25%	11.11%
纯度(金属)	30.56%	41.67%	27.78%	50%	16.67%	30.56%
电导率	10.53%	57.89%	28.95%	60.53%	31.58%	2.63%
热导率	20.51%	71.79%	7.69%	69.23%	20.51%	5.13%
振实密度	21.62%	62.16%	16.22%	51.35%	37.84%	8.11%

从表2-3中可以看出,在所有列出的石墨烯粉体材料的特性参数中,69.44%的单位认为石墨烯粉体材料的单层率的测量难度最大,38%～45%的单位认为石墨烯粉体材料的尺寸及其分布、元素或离子含量、分散性或浓度的测量难度最大。对于测量急迫性,69.23%的单位认为需要在1年内完成石墨烯粉体材料的热导率测量,并且认为其测量困难程度中等;60%左右的单位认为需要在1年内解决石墨烯粉体材料的组成、电导率等的测量问题。

石墨烯浆料材料 特性参数	困难高	困难中等	困难低	需求1 年内	需求2 年内	需求3 年内
外观/形貌	10.26%	23.08%	64.1%	41.03%	38.46%	10.26%
pH	2.63%	23.68%	73.68%	21.05%	39.47%	31.58%
粒径尺寸及其分布	35.9%	38.46%	25.64%	56.41%	33.33%	5.13%
石墨烯含量/总固含量	10.81%	32.43%	56.76%	32.43%	51.35%	10.81%
单层率	52.78%	41.67%	5.56%	55.56%	38.89%	2.78%
分散性	44.74%	44.74%	10.53%	50%	39.47%	5.26%
离子含量(Cl⁻、SO₄²⁻)	14.29%	48.57%	37.14%	51.43%	31.43%	14.29%
纯度(金属)	2.86%	57.14%	40%	62.86%	20%	14.29%
结构	35.29%	47.06%	17.65%	32.35%	55.88%	8.82%
电导率	13.89%	50%	30.56%	52.78%	27.78%	13.89%
热导率	21.62%	48.65%	24.32%	62.16%	24.32%	8.11%
流动性	5.41%	45.95%	37.84%	35.14%	54.05%	5.41%

表2-4　石墨烯浆料材料特性参数测量难易程度及需要准确测量能力急迫性的统计数据

从表2-4中可以看出,与石墨烯粉体材料相类似,52.78%和44.74%的单位认为石墨烯浆料材料的单层率和分散性的测量难度最大,35%左右的单位认为石墨烯浆料材料的粒径尺寸及其分布和结构的测量难度最大，70%左右的单位认为石墨烯浆料材料的 pH 和外观或形貌的测量问题已经解决。对于测量急迫性，62.16%的单位认为需要在 1 年内完成石墨烯浆料材料的热导率测量，并且认为其测量困难程度中等；60%左右的单位认为需要在 1 年内解决石墨烯浆料材料的纯度、热导率、粒径尺寸及其分布等的测量问题。

表 2-5 石墨烯薄膜材料特性参数测量难易程度及需要准确测量能力急迫性的统计数据

石墨烯薄膜材料特性参数	困难高	困难中等	困难低	需求1年内	需求2年内	需求3年内
层数	33.33%	51.52%	15.15%	63.64%	30.3%	3.03%
缺陷(岛状结构)分布/缺陷密度	48.48%	48.48%	3.03%	57.58%	36.36%	3.03%
厚度	14.71%	64.71%	20.59%	52.94%	44.12%	0%
组成(碳氧比)	32.35%	44.12%	23.53%	41.18%	44.12%	8.82%
无定形态	35.29%	58.82%	5.88%	44.12%	41.18%	8.82%
晶体结构	41.67%	38.89%	16.67%	36.11%	38.89%	16.67%
掺杂	29.41%	58.82%	8.82%	55.88%	29.41%	8.82%
粗糙度	23.53%	52.94%	23.53%	44.12%	26.47%	23.53%
弹性模量	11.76%	70.59%	17.65%	47.06%	26.47%	20.59%
应力/应变	21.21%	57.58%	21.21%	39.39%	33.33%	21.21%
表面电阻/方块电阻	9.09%	57.58%	33.33%	51.52%	21.21%	21.21%
霍尔效应	42.42%	51.52%	6.06%	51.52%	21.21%	21.21%
电子迁移率	48.48%	39.39%	12.12%	57.58%	24.24%	15.15%
电导率	22.22%	55.56%	22.22%	58.33%	36.11%	0%
热导率	13.51%	51.35%	35.14%	72.97%	13.51%	5.41%
透光率	0%	72.73%	27.27%	54.55%	30.3%	9.09%
折射系数	3.03%	72.73%	24.24%	48.48%	30.3%	18.18%

从表 2-5 中可以看出，48.48%的单位认为石墨烯薄膜材料的缺陷分布或缺陷密度和电子迁移率的测量难度最大，70%以上的单位认为石墨烯薄膜材料的折射系数、透光率和弹性模量的测量难度中等。对于测量急迫性，72.97%的单位认为需要在 1 年内解决石墨烯薄膜材料热导率的测量问题；21%～45%的单位认为需要在 2 年内完成石墨烯薄膜材料的其他特性参数测量。

综合分析表 2-3 到表 2-5 的结果可以看出，我国目前石墨烯粉体和浆料材料的应用主要集中在导热和导电两大方面，所以对相关特性参数的测量需求急迫性高；在石墨烯薄膜材料方面，产品质量是产业界关注的一个重点方向，应用方面主要集中在透光和导电领域。

表 2-6 是石墨烯材料构成的消费品特性参数测量难易程度及需要准确测量能力急迫性的统计数据。从表 2-6 中可以看出，51.35% 的单位认为石墨烯储能产品的测量难度最大，其余消费品被认为测量难度中等或最低。从测量急迫性看，50% 左右的单位认为石墨烯储能、保暖、耐磨、磨损产品的测量需求比较急迫，需要在 1 年内解决测量问题，这也反映了我国现阶段石墨烯的主要应用方向。

消费品特性参数	困难高	困难中等	困难低	需求 1 年内	需求 2 年内	需求 3 年内
耐磨	27.03%	40.54%	32.43%	48.65%	32.43%	13.51%
防腐	10.81%	51.35%	37.84%	43.24%	40.54%	10.81%
润滑	22.22%	58.33%	19.44%	22.22%	47.22%	27.78%
保暖	19.44%	38.89%	44.44%	50%	19.44%	25%
储能	51.35%	40.54%	10.81%	54.05%	29.73%	10.81%
吸附	28.57%	45.71%	20%	40%	37.14%	20%
远红外吸收/发散	18.92%	51.35%	29.73%	37.84%	27.03%	27.03%
盐雾实验	5.41%	35.14%	59.46%	45.95%	27.03%	18.92%
抗紫外/紫外降解	14.29%	48.57%	37.14%	40%	40%	11.43%
磨损	9.09%	36.36%	51.52%	48.48%	45.45%	3.03%

表 2-6 石墨烯材料构成的消费品特性参数测量难易程度及需要准确测量能力急迫性的统计数据

表 2-7 是石墨烯材料测量方法需要准确测量能力的急迫性和使用频率的统计数据。从表 2-7 中可以看出，绝大多数单位认为石墨烯粉体材料对准确测量能力需求高，浆料和薄膜材料处于次之，需求最不急迫的是石墨烯材料构成的产品。从测量设备使用频率上也可以看出，最常使用的是石墨烯材料结构和组成表征的设备，对于产品性能测量技术需求低。这说明石墨烯产业属于起步阶段，须进一步开拓石墨烯材料的应用领域。并且从测量设备使用频率来看，对产品性能测量有待加强。

　　　　　　　　　　　　　　　　　　　石墨烯材料质量技术基础：计量

表 2-7 石墨烯材料测量方法需要准确测量能力的急迫性和使用频率的统计数据

测量技术/测量设备	粉体材料	浆料材料	薄膜材料	消费品	每月用时不大于100 h	每月用时大于200 h
扫描电子显微镜	89.47%	55.26%	57.89%	50%	42.11%	42.11%
透射电子显微镜	79.41%	47.06%	38.24%	41.18%	55.88%	26.47%
场发射显微镜	86.67%	40%	50%	43.33%	46.67%	36.67%
扫描探针显微镜	65.22%	43.48%	39.13%	21.74%	56.52%	30.43%
原子力显微镜	75.76%	33.33%	63.64%	27.27%	42.42%	36.36%
扫描近场光学显微镜	65%	50%	50%	30%	45%	30%
光衍射	65%	40%	30%	20%	55%	20%
动态光散射	63.16%	52.63%	21.05%	10.53%	63.16%	21.05%
小角 X 射线散射仪	65%	30%	30%	30%	60%	25%
X 射线衍射仪	76.67%	26.67%	43.33%	40%	63.33%	30%
激光粒度分析仪	80%	43.33%	16.67%	30%	73.33%	16.67%
俄歇电子能谱	65%	55%	55%	35%	35%	35%
拉曼光谱	80%	48.57%	65.71%	48.57%	37.14%	45.71%
化学分析用电子能谱	75%	55%	60%	35%	55%	25%
电感耦合等离子体质谱	79.17%	50%	50%	41.67%	33.33%	37.5%
傅里叶红外光谱	85.71%	60.71%	64.29%	46.43%	46.43%	35.71%
紫外-可见-近红外光谱	75%	57.14%	53.57%	35.71%	60.71%	21.43%
激光热功率计	57.69%	50%	50%	53.85%	53.85%	30.77%
霍尔效应测量系统	65%	35%	65%	30%	60%	20%
电化学测量系统	50%	60%	60%	36.67%	40%	46.67%
纳米压痕仪	48%	36%	52%	52%	52%	32%

　　对石墨烯产业测量需求的多层次调研结果显示,目前我国石墨烯材料的研究和生产主要集中在粉体材料领域,高端的薄膜材料生产和研究还有待提升。并且上游企业主要集中在石墨烯粉体材料的生产,其下游应用主要集中在导热和导电两大方面,未来石墨烯粉体材料应用方向集中在储能、保暖、磨损、耐磨、防腐产品领域。在石墨烯薄膜材料方面,产品质量是关注的一个重点方向,应用方面主要集中在透光和导电领域。由于回收调研问卷数量有限,结论可能不是特别完善,但是也给我们的工作提供了很好的指导意义:在目前阶段相比于石墨烯材料性能的测量,产业界更关注到底是否真正用到石墨烯材料。因此,准确测量石墨烯材料以使贸易双方直至用户确认所用材料为石墨烯材料的关键参数量

是目前最紧迫的任务。调研结果也是 2.5 节中石墨烯材料计量技术和标准体系顶层设计的重要参考依据。

从第 3 章开始,将基于石墨烯材料关键参数量测量的关键要素,即设备校准与溯源、相关标准物质研制、标准方法建立过程中的国际比对、测量方法国际标准等方面进行阐述。

参考文献

[1] JJF 1001—2011.

[2] GB/T 2000.1—2002.

[3] GB/T 27000—2006.

[4] Sené M, Gilmore I, Janssen J T. Metrology is key to reproducing results[J]. Nature, 2017, 547(7664): 397 - 399.

[5] 泰瑞·奎恩. 从实物到原子:国际计量局与终极计量标准的探寻[M]. 张玉宽, 译. 北京:中国质检出版社, 2015.

[6] GB/T 30544.13—2018/ISO/TS 80004 - 13: 2017.

[7] JJF 1059.1—2012.

[8] 倪育才. 实用测量不确定度评定[M]. 3 版. 北京:中国计量出版社, 2009.

[9] JJF 1117—2010.

[10] Kauling A P, Seefeldt A T, Pisoni D P, et al. The worldwide graphene flake production[J]. Advanced Materials, 2018, 30(44): 1803784.

[11] Wick P, Louw-Gaume A E, Kucki M, et al. Classification framework for graphene-based materials[J]. Angewandte Chemie International Edition, 2014, 53 (30): 7714 - 7718.

[12] Jin M H, Kim T H, Lim S C, et al. Facile physical route to highly crystalline graphene[J]. Advanced Functional Materials, 2011, 21(18): 3496 - 3501.

石墨烯材料质量技术基础:计量

第 3 章

石墨烯材料拉曼
光谱计量技术

3.1　概述

拉曼光谱是用来表征石墨烯材料最常用、快速、非破坏性和高分辨率的技术之一。在入射激光作用下,石墨烯价带上的电子跃迁到导带上,电子与声子相互作用发生散射,从而产生不同的拉曼特征峰。石墨烯的拉曼特征峰包括 D 峰、G 峰和 2D 峰(G′峰)。图 3-1 展示了不同方法制备的单层到少层石墨烯的拉曼光谱[1-3]。D 峰一般出现在 1 350 cm^{-1}附近,是由芳香环中 sp^{2}碳原子的对称伸缩振动径向呼吸模式引起的,且通常需要缺陷的存在才能激活。G 峰主要出现在 1 580 cm^{-1}附近,是由 sp^{2}碳原子间的拉伸振动引起的,对应着布里渊区中心的 E$_{2g}$光学声子的振动。2D 峰是 D 峰的倍频峰,通常出现在 2 680 cm^{-1}附近,是由碳原子中两个具有反向动量的声子双共振跃迁引起的。

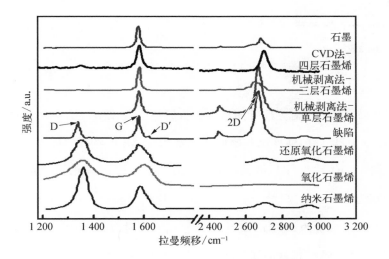

拉曼特征峰的峰位常用来定性表征石墨烯的层数、掺杂和堆垛方式等[4-6]。图 3-2(a)展示了石墨烯 G 峰随层数的变化。对于机械剥离法制备的石墨烯,单层石墨烯 G 峰的位置约在 1 587 cm^{-1},G 峰的强度随着石墨烯层数的增加而增加,G 峰的位置随石墨烯层数的增加向低波数位移,高定向热解石墨 G 峰的位置

约在 1 581 cm⁻¹,两者相差 5 ～6 cm⁻¹。图 3 - 2(b)展示了堆叠双层石墨烯和 CVD 法生长的双层石墨烯的 G 峰随温度的变化。石墨烯的 G 峰峰位随温度升高呈线性向低频移动,可能是因为热膨胀或非简谐声子耦合引起的 C—C 键伸长,致使力常数减小,将面内的光学声子软化,使 C—C 键振动频率下降。以 CVD 法生长的双层石墨烯为例,随着温度从室温升高到 250℃,G 峰峰位由 1 585 cm⁻¹ 蓝移到 1 580 cm⁻¹,相差 5～6 cm⁻¹。因此,拉曼频移的准确测量有助于拉曼光谱对石墨烯材料结构的研究和分析。

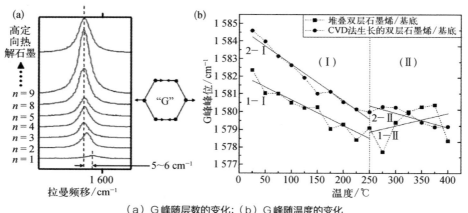

图 3 - 2 石墨烯 G 峰的位置变化[4-5]

（a）G 峰随层数的变化;（b）G 峰随温度的变化

拉曼特征峰的相对强度常用来表征石墨烯层数、缺陷等。例如,2D 峰的半峰宽、G 峰与 2D 峰的强度比和峰面积比常用作 AB 堆垛石墨烯层数的判断依据[1]。图 3 - 3(a)展示了机械剥离法制备的 1～4 层石墨烯的拉曼光谱。当 2D 峰半峰宽约 30 cm⁻¹ 且 G 峰与 2D 峰的强度比 $I_G/I_{2D}<0.7$ 时,判断为单层石墨烯;当 2D 峰半峰宽约 50 cm⁻¹ 且 $0.7<I_G/I_{2D}<1$ 时,判断为双层石墨烯。又例如,拉曼光谱 D 峰和 G 峰的强度比是判断石墨烯缺陷类型和缺陷密度的有效技术手段。D 峰代表的是石墨烯中 sp² 杂化碳原子环的环呼吸振动模式,表现的是碳晶格的缺陷和无序度。在石墨和高品质石墨烯中,D 峰一般非常弱。D 峰的强度和样品中的缺陷程度成正比。图 3 - 3(b)显示了不同缺陷浓度单层石墨烯的拉曼光谱。随着石墨烯缺陷浓度的增加,D 峰强度增加,D 峰与 G 峰的强度比

I_D/I_G不断增大,还会出现位于 1 620 cm^{-1}附近的 D′峰。D 峰和 D′峰分别产生于谷间和谷内散射过程,其强度比 $I_D/I_{D'}$ 与石墨烯表面缺陷的类型密切相关。当缺陷浓度较低时,D 峰和 D′峰强度均随着缺陷密度的增加而增强,与缺陷密度成正比;当缺陷浓度增加到一定程度时,D 峰强度达到最大,然后开始减弱,而 D′峰则保持不变。因此,拉曼光谱相对强度的准确测量有助于拉曼光谱对石墨烯材料缺陷的研究和分析。

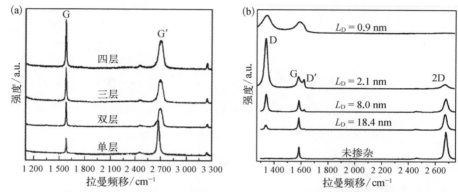

图 3-3 石墨烯拉曼特征峰的相对强度变化[6,8]

(a) 机械剥离法制备的 1~4 层石墨烯的拉曼光谱;(b) 不同缺陷浓度单层石墨烯的拉曼光谱

当使用石墨烯拉曼特征峰的强度比时,为保障测量结果的准确性和可比性,应对拉曼特征峰相对强度进行校准。图 3-4 和表 3-1 分别展示了校准前后石墨烯拉曼特征峰相对强度和强度比差异。当两个拉曼特征峰的峰位较为接近

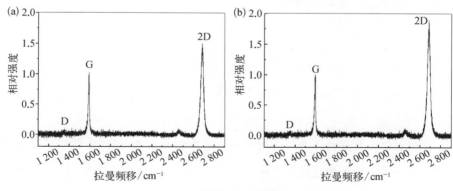

图 3-4 校准前后石墨烯拉曼特征峰相对强度差异(以 G 峰的强度归一化)

(a) 校准前;(b) 校准后

时，如石墨烯的 D 峰和 G 峰，校准前后两个拉曼特征峰的强度比 I_D/I_G 变化较小或基本不变。而当两个拉曼特征峰的峰位相距较远时，如石墨烯的 G 峰和 2D 峰，校准前后两个拉曼特征峰的强度比 I_{2D}/I_G 变化较大。因此，对测得的拉曼光谱，特别是扫描范围较大的拉曼光谱进行强度校准是十分必要的，校准后的谱图更能反映被测样品的真实信息。

	校准前	校准后
I_D/I_G	0.15	0.14
I_{2D}/I_G	1.55	1.94

表 3-1 校准前后石墨烯拉曼特征峰强度比差异

综上所述，拉曼光谱在表征石墨烯结构方面具有独特的优势。拉曼特征峰的峰型、强度或者峰位可以用来定性表征石墨烯的层数、缺陷、掺杂和堆垛方式等。拉曼光谱的广泛应用需要确保拉曼频移和相对强度测量结果的准确可靠，从而满足石墨烯发展过程中对石墨烯质量控制的需求，并为石墨烯的生产和研究提供技术指导。

本章将从拉曼光谱仪的测量原理、拉曼频移和拉曼相对强度的量值溯源、相关标准物质的研制、使用标准物质进行仪器校准的方法及使用经校准的设备开展石墨烯材料拉曼光谱测量方法等方面进行阐述。

3.2   拉曼光谱仪溯源

溯源性是测量结果准确可靠的保障。CNAS-CL01-G002：2018《测量结果的计量溯源性要求》规定，通过不确定度将测量值与标准值、国家及国际计量标准联系起来，才可被视为可信的、一致的、具有跨时空的、可比性的结果。

溯源性指的是通过一条具有规定不确定度的不间断比较链，使测量结果或计量标准的值能够与规定的参考标准，通常是国家计量基（标）准或国际计量基（标）准联系起来的特性。量值传递是溯源的逆过程，通过对测量器具的检定或校准,将国家测量标准所复现的测量单位量值通过各等级计量标准传递到工作测量器具,以保证被测量对象量值的准确性和一致性。计量标准是实现量值溯源和传递的重要中间环节,起着承上启下的作用。一方面,需要通过各种方法向更高等级的计量标准溯源,保证量值的溯源性,并依法考核合格后,才有资格建立计量标准。另一方面,将复现的量值通过检定校准逐级传递到工作测量器具,从而确保工作测量器具的准确可靠,确保全国测量活动的量值统一。计量标准装置溯源过程的研究和标准物质的研制一般由具有计量资质的机构如中国计量科学研究院进行,而各实验室仪器的校准则需要计量机构或各实验室自行进行,从而确保测量结构准确、可信。

以拉曼光谱仪为例,将拉曼光谱仪通过合理、有效的程序溯源至光学基准,这一过程被称为拉曼光谱的溯源过程。溯源至 SI 基本单位的拉曼光谱仪,通过计量标准考核后,可以作为标准装置为标准物质赋值。各实验室的拉曼光谱仪可以使用标准物质对仪器进行校准,从而建立不间断溯源链将各实验室拉曼光谱仪溯源至 SI 基本单位。

3.2.1　拉曼光谱测量原理

拉曼光谱仪一般由激发光源、样品光路、分光计(摄谱仪)、探测器四部分构成,基本结构示意图如图 3-5 所示[8]。激光照射到样品上,样品受激产生的散射光被收集后进入分光计,在分光计处理散射光谱后进入探测器。按照拉曼散射光随频移分散开的方式不同,拉曼光谱仪可分为三种类型:滤光器型拉曼光谱仪、傅里叶变换型拉曼光谱仪及色散型拉曼光谱仪。

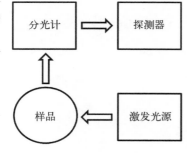

图 3-5　拉曼光谱仪基本结构示意图

拉曼散射是光子与分子之间有能量交换的非弹性散射过程。拉曼散射示意图如图 3-6 所示。处于电子基态的散射物分子受到能量为 $h\nu_0$ 的入射光照射时,电子跃迁到激发虚态,在虚能级上电子跃迁到下一能级而发光,即为散射光。

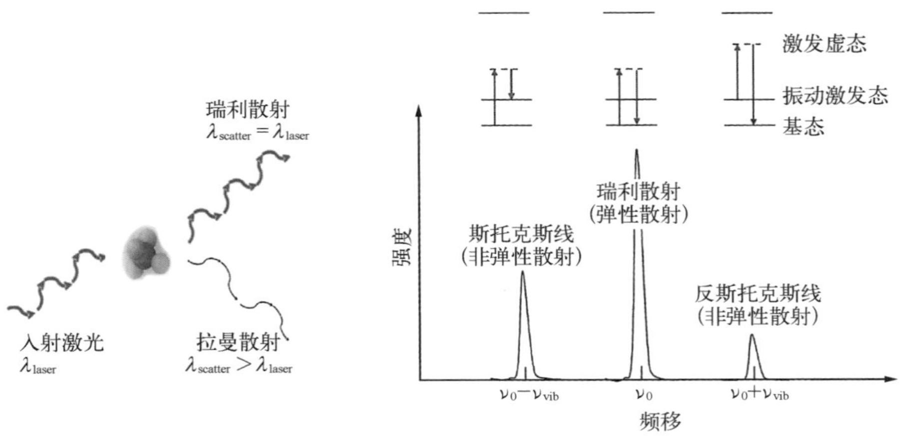

图 3-6 拉曼散射示意图

散射光中光子只改变运动方向而不改变频率的过程称为瑞利散射。由于光子与分子之间发生能量交换,因而使散射光频率发生改变的过程称为拉曼散射。入射光频率与拉曼散射光频率之差 $\Delta\nu$ 称为拉曼频移。

$$\Delta\nu = \nu_0 - \nu_{vib} = \frac{1}{\lambda_{laser}} - \frac{1}{\lambda_{scatter}} \tag{3-1}$$

式中　　λ_{laser}——入射光波长,nm;

　　　　$\lambda_{scatter}$——拉曼散射光波长,nm。

　　样品经拉曼散射后被收集到的相对强度表达式为[9]

$$S'_S = P_D \beta'_S s D_S \Omega T A_D Q K t \tag{3-2}$$

式中　　S'_S——收集到的相对波数内的光电子数,photonelectron[①] · $(cm^{-1})^{-1}$;

　　　　P_D——激光到达样品处的光子数密度,photon · cm^{-3};

　　　　β'_S——每分子表面微分截面对相对波数的微分,cm^2 · $molecule^{-1}$ · sr^{-1} · $(cm^{-1})^{-1}$;

　　　　s——谱线带宽,cm^{-1};

　　　　D_S——样品的分子数密度,molecule · cm^{-3};

　　　　Ω——收集角度,sr^{-1};

---

① photonelectron,以及下方 photon、molecule 分别表示光电子、光子和分子的个数。

T——分光计及光学器件的透过率,%;

A_D——进入分光计的样品面积,cm^2;

Q——探测器光子对光电子的转化效率,photonelectron · photon^{-1};

K——几何因子;

t——积分时间,s。

对同一台仪器来说,当选择同样的测量条件时,s、Ω、T、A_D、Q 的值保持不变,定义

$$R = s\Omega TA_D Q \qquad\qquad (3-3)$$

R 也表示仪器响应曲线,对同一台仪器来说,R 的值保持不变。

综上所述,拉曼光谱有两个特性量值,即拉曼频移和拉曼相对强度。因此,需要对拉曼频移和拉曼相对强度分别进行溯源,即使用具有溯源性的标准器溯源至国家基(标)准。3.2.2 小节、3.2.3 小节将分别概述拉曼光谱仪的拉曼频移和拉曼相对强度的溯源过程。

3.2.2　拉曼频移的溯源

根据式(3-1)进行拉曼频移溯源研究。从式(3-1)中可以看出,拉曼频移与入射光和散射光波长的倒数(波数)差值相关,入射光、散射光波长的微小变化会导致拉曼频移有较大的偏差。因此,需要对入射光和散射光的波长进行校准和溯源。

对散射光波长的校准和溯源又称为光路准直或分光计校准。根据几何光学理论,投射到光栅上的光束平行性越好,越能以最大限度均匀照明光栅,光束经过光栅的色散作用和反射镜聚焦作用后在 CCD 检测器接收面的成像质量越高,测量结果越准确可信。因此,一束光从入射到出射没有偏移,即入射光波长等于探测到的波长,则认为光路准直。对散射光波长的溯源,使用波长已知的标准光源采集通过光谱仪光路后的测量值,调整光谱仪使测得的波长与标准谱线的数值一致,从而达到溯源的目的。图3-7展示了拉曼光谱仪散射光路溯源的过程。根据光谱仪中光栅的性能数据,选用与光栅闪耀波长最接近的标准谱线作为溯

源用谱线。如光栅闪耀波长在 500 nm 左右,可用标准汞氩灯546.07 nm 谱线。测量标准光源位于 546.07 nm(标准值)的谱线,若测量值与标准值不符[图 3 - 7 (a)],应调整光路参数使测量值与标准值一致[图 3 - 7(b)],以完成对拉曼光谱仪散射光路的溯源。

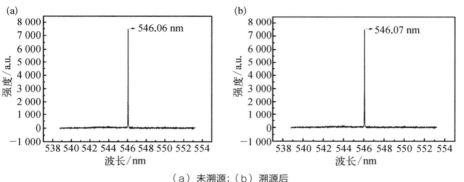

图 3-7 拉曼光谱仪散射光路溯源

(a)未溯源;(b)溯源后

对入射光波长的校准和溯源是基于拉曼散射的原理在 $\Delta\nu = 0$ 处进行的。在散射光收集光路中,瑞利散射和残余激光并不能被全部滤除,仍有一部分与入射光波长 λ_{laser} 相同的光信号进入分光计,并与拉曼散射信号一并参与后续的数据处理工作。由式(3-1)可知,波长为 λ_{laser} 的光信号的拉曼频移应为 0。因此,在对激光(入射光)波长的校准和溯源时,可在软件中入射光的相应位置直接输入某一可能的波长值,并测量待测样品在 $\Delta\nu = 0$ 处的光谱图。重复此步骤,直到待测样品在 $\Delta\nu = 0$ 处的拉曼特征峰强度最大,此时输入的波长值即为当前激光器的激发波长,激光波长校准工作完成[8]。

3.2.3　拉曼相对强度的溯源

由于滤光片、光栅、集光系统、检测系统的独特组合,每一台光谱仪都有独特的仪器响应曲线。未经过校准和溯源的光谱仪测得的拉曼光谱会出现严重的变形或失真,降低测量结果的准确性,而且不同研究者使用不同仪器的测量结果缺乏可比性。另外,当零部件更换或维修后,维修前后测得的拉曼光谱同样缺乏可比性。

在保证拉曼频移准确的前提下,对拉曼相对强度的溯源主要是对拉曼光谱仪收集到的光电子数溯源。根据式(3-2),P_D、t 与测量条件相关,β'_s 与被测样品相关。而对同一台仪器来说,当选择同样的测量条件时,s、Ω、T、A_D、Q 的值保持不变。因此,对拉曼相对强度的溯源可简化为对仪器响应曲线 R 的溯源。与拉曼频移不同,拉曼相对强度需要在全光谱范围内尽可能在每个拉曼频移下都有一定的光电子响应值,因此需要选择连续光谱的标准光源作为上一级计量标准。

将标准光源置于样品台的位置,若标准谱图用 L_L 表示,拉曼测得的谱图用 S'_L 表示,式(3-2)可改写为

$$S'_L = L_L s\Omega TA_D Qt = L_L Rt \tag{3-4}$$

因此,

$$R = \frac{1}{t} \times \frac{S'_L}{L_L} \tag{3-5}$$

因为积分时间 t 是一个常数,不会影响曲线的形状和相对强度,所以仪器响应曲线 R 即可由 S'_L/L_L 得到。

图3-8展示了拉曼相对强度溯源的过程。采集标准光源全光谱范围内的相对强度曲线(实测谱图 S'_L,曲线 a)与标准曲线相除(标准谱图 L_L,曲线 b),得到仪器响应曲线 R(曲线 c),完成对拉曼光谱仪拉曼相对强度的溯源[10]。

图3-8 拉曼相对
强度溯源[11]

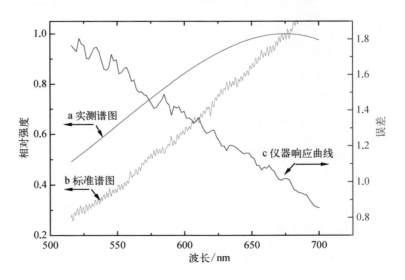

综上,拉曼光谱有两个特性量值,即拉曼频移和拉曼相对强度。这两个特性量值均为光学特性参数,因此溯源过程使用的标准器为标准光源。其中,拉曼频移与散射波长相关,须使用汞氩灯、氖灯等具有尖锐谱线的标准光源进行溯源;拉曼相对强度与光电子数相关,须使用钨卤灯等具有连续谱图的标准光源进行溯源。拉曼光谱仪溯源路径示意图如图3-9所示。

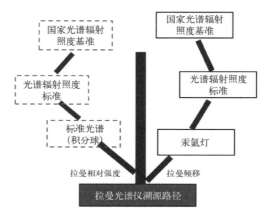

图3-9 拉曼光谱仪溯源路径示意图

3.3 拉曼频移和相对强度标准物质的研制

从3.2节中可以看出,标准光源价格昂贵、操作复杂,仅适用于计量机构的溯源性研究。拉曼频移和相对强度标准物质具有操作简单、携带方便、经济合理的优点,是终端用户必需的计量器具,从而保证拉曼光谱日常使用中测量结果的准确可靠。因此,拉曼频移和相对强度标准物质的研制也成为计量研究的重要工作和成果。

有证标准物质经常作为测量参考使用,技术含量较高,一般由国家计量院、行业中的计量实验室以及企业或高校中的专业实验室研制。有证标准物质研制过程示意图如图3-10所示[11],一般步骤为需求评价、可行性分析和计划、选择标准物质候选物、加工制备、初步均匀性检验、稳定性检验、分装、均匀性检验、定值测量、开具认定报告和证书、稳定性持续考查。

本节就拉曼频移和相对强度标准物质的研制概述标

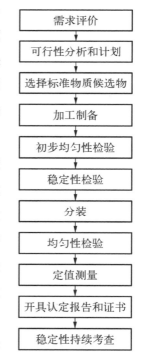

图3-10 有证标准物质研制过程示意图[12]

准物质研制过程中的均匀性、稳定性检验及定值等步骤。

3.3.1 拉曼频移标准物质

作为拉曼频移校准用的标准物质有多种选择。目前用户较多使用的单晶硅片的理论频移值为 520.7 cm^{-1}。然而由于硅片表面的污损、取向等原因,导致单晶硅片 520.7 cm^{-1} 的理论频移值复现性差,因此只适用于仪器日常稳定状态的快速检查,其理论频移值不能用于拉曼频移的校准。更重要的是,材料或化合物的拉曼光谱通常由多条频移谱线组成,使用单条谱线只能校准以该谱线为中心的检测器位置,对于检测器更宽的测量范围不能达到校准目的。具有多条谱线的标准灯可以对检测器更宽的测量范围进行校准,但存在标准灯携带不便、标准灯谱线采集困难、标准灯每年到检测机构复检烦琐、波长与波数单位换算过程复杂等问题,不适用日常实验室仪器校准。因此需要研制具有多谱线、宽量值范围的拉曼频移标准物质,以满足拉曼光谱仪线性校准的需求。

中国计量科学研究院目前研制了硫、萘、环己烷、对乙酰氨基酚、聚苯乙烯五种拉曼频移标准物质(GBW13651～GBW13654、GBW13664),分别具有液体、块状固体、粉末状固体不同形态,用于光谱在 83～3 325 cm^{-1} 内拉曼频移的校准。使用可溯源至光谱辐射照度国家基准的激光共聚焦显微拉曼光谱校准装置([2015]国量标计证字第 289 号)为标准物质定值,并对标准物质进行稳定性和均匀性考查,评定标准物质的合成不确定度和扩展不确定度。与美国 ASTM E 2911—2013 标准和国内多家测量的结果比较,研制的标准物质拉曼频移标准值及不确定度包含了 ASTM 标准和国内多家测量的结果,说明标准物质量值可靠,为支持我国拉曼光谱仪的应用研发、拉曼光谱定性及定量使用的可比可靠和数据库建设提供技术支持。

（1）定值方法的确定

测量结果的准确性由测量方法决定。一般来说,影响拉曼光谱测量结果的条件主要有入口狭缝宽度、镜头、光栅密度、激发波长、曝光时间和激光功率。其中入口狭缝宽度、镜头、光栅密度的改变对实验结果的影响比较小,一般根据经验和测量需求选择。曝光时间与激光功率对拉曼光谱测量结果具有较大影响。激光功率过强,待测样品会烧伤,因此激光功率选择原则为不烧伤样品的前提下使拉曼光谱具有较好的信噪比。激光功率过强,则其产生的热效应会造成拉曼峰位置的改变,因此选择合适的曝光时间也非常重要。若荧光较强或拉曼信号较弱,则可以适当增加曝光时间来获得较好的信噪比和峰强度。

在测量物质拉曼光谱的过程中,要保证待测样品的特征谱线能够完整测量出来,必须要有一个准确可靠的测量方法。因此,研究人员在标准物质研制过程中研究了标准物质的测量条件,包括信噪比、激光到样品表面的能量(曝光功率、积分时间)等。将信噪比作为衡量拉曼光谱测量程序有效的重要指标。选取信号响应最灵敏的峰及相应位置的背景噪声来计算信噪比,为保证峰形完整,响应灵敏峰的信噪比要大于 100∶1。最终确定测量硫、萘、环己烷、对乙酰氨基酚、聚苯乙烯标准物质的激光功率与曝光时间,见表 3 - 2[12]。

标 准 物 质	激光功率/mW	曝光时间/s
硫	2～4	2～10
萘	10～15	2～4
环己烷	10～20	2～4
对乙酰氨基酚	10～15	2～4
聚苯乙烯	10～15	2～4

表 3 - 2 标准物质的有效测量条件[12]

(2) 标准物质均匀性检验

参照 JJF 1343—2012《标准物质定值的通用原则及统计学原理》(等效 ISO 指南 35∶2006),采用方差分析法,在每种 100 个样品中随机抽取硫、萘、对乙酰氨基酚 15 瓶,对每瓶随机选取 3 个位置进行均匀性检验;随机抽取环己烷 10 瓶,对每瓶随机选取 3 个位置进行均匀性检验;随机抽取聚苯乙烯 13 瓶,对每瓶随机选取 3 个位置进行均匀性检验。

均匀性检验的计算方法如下[13]。

假设抽取 m 个样品,用重复性高的实验方法在相同条件下得到 n 组等精度测量数据,分别为

x_{11}，x_{12}，$\cdots$，x_{1n_1}，平均值$\overline{x}_1$；

x_{21}，x_{22}，$\cdots$，x_{2n_2}，平均值$\overline{x}_2$；

$\cdots\cdots$

x_{m1}，x_{m2}，$\cdots$，x_{mn_m}，平均值$\overline{x}_m$；

总平均值
$$\overline{\overline{x}} = \frac{\sum\limits_{i=1}^{m} \overline{x}_i}{m}$$
(3 - 6)

总测量次数
$$N = \sum_{i=1}^{m} n_i$$
(3 - 7)

组间差方和
$$Q_1 = \sum_{i=1}^{m} n_i (\overline{x}_i - \overline{\overline{x}})^2$$
(3 - 8)

组内差方和
$$Q_2 = \sum_{i=1}^{m} \sum_{j=1}^{n_i} (x_{ij} - \overline{x}_i)^2$$
(3 - 9)

组间自由度
$$\nu_1 = m - 1$$
(3 - 10)

组内自由度
$$\nu_2 = N - m = \sum_{i=1}^{m} n_i - m$$
(3 - 11)

$$s_1^2 = \frac{Q_1}{\nu_1}, \quad s_2^2 = \frac{Q_2}{\nu_2}$$
(3 - 12)

自由度为(ν_1, ν_2)的 F 分布变量
$$F = \frac{s_1^2}{s_2^2}$$
(3 - 13)

当 $s_1 > s_2$ 时，标准偏差
$$s_H^2 = \frac{N(m-1)}{N^2 - \sum\limits_{i=1}^{m} n_i^2} (s_1^2 - s_2^2)$$
(3 - 14)

当 $s_1 < s_2$ 时，标准偏差
$$s_H = \sqrt{\frac{s_2^2}{n}} \sqrt[4]{\frac{2}{\nu_2}}$$
(3 - 15)

根据自由度(ν_1, ν_2)及给定的显著性水平 α，可由 F 分布临界值表查得临界的F_α值。若计算得到 F 值有 $F < F_\alpha$，则认为组内与组间无明显差异，样品是均匀的。

（3）标准物质稳定性检验

标准物质的稳定性是指标准物质在一定环境条件下保存，其特征量在一定时间内保持不变的能力。稳定性分为长期稳定性和短期稳定性。

长期稳定性是指在规定贮存条件下标准物质特性的稳定性。长期稳定性的研究是在不同的时间积累特性值的测量数据。根据 ISO 指南 35：2006，采用趋势分析来检验标准物质的长期稳定性。长期稳定性研究数据评估的第一步是检查所观测数据是否有趋势性变化。这里稳定性研究采用线性模型，可表示为

$$Y = b_0 + b_1 x + \varepsilon \tag{3-16}$$

式中，x 表示时间；Y 为标准物质候选材料特性值；b_0 和 b_1 是回归系数；ε 表示随机误差分量，其可以仅仅是随机误差，也可以包括一个或更多的系统因素。对于稳定的标准物质，b_1 的期望值为零。

假定有 n 对关于 x 的 Y 观测值，每个 Y_i 可表示如下：

$$Y_i = b_0 + b_1 x_i + \varepsilon_i \tag{3-17}$$

通常，由于每个时间点抽取样品多点进行多次拟合测量等原因，每个 Y_i 会对应多个 x_i 值；对于趋势分析来说，在时间 x_i、Y_i 可以使用所有取样单元的平均值。因此回归参数计算如下：

$$b_1 = \frac{\sum_{i=1}^{n} (x_i - \overline{x})(Y_i - \overline{Y})}{\sum_{i=1}^{n} (x_i - \overline{x})^2} \tag{3-18}$$

$$b_0 = \overline{Y} - b_1 \overline{x} \tag{3-19}$$

斜率 b_1 的不确定度

$$s(b_1) = \frac{s}{\sqrt{\sum_{i=1}^{n} (x_i - \overline{x})^2}} \tag{3-20}$$

式中，s 为直线上每点的标准偏差，可由下式计算得到

$$s^2 = \frac{\sum_{i=1}^{n} (Y_i - b_0 - b_1 x_i)^2}{n-2} \tag{3-21}$$

基于 b_1 及其标准偏差 $s(b_1)$ 与自由度为 $n-2$ 和 $p=0.95$（95% 置信水平）的 t 分布因子（$t_{0.95, n-2}$），比较 $|b_1|$ 与 $t_{0.95, n-2} \cdot s(b_1)$，若 $|b_1| < t_{0.95, n-2} \cdot s(b_1)$，

则表明斜率不显著,未观测到不稳定性。

采用趋势分析法,在一年内每间隔 3 个月对拉曼频移标准物质的拉曼特征峰进行长期稳定性检验。评估结果表明,样品长期稳定性良好。

短期稳定性是指在制定的运输条件下运输期间标准物质特性量的稳定性,与标准物质运输引起的额外影响有关。模拟目前国内快递运输条件,60℃ 条件下 3 天时间,上午和下午分别取样测量,考查各样品的稳定性。由于时间短,将标准偏差作为短期稳定性引入的不确定度。

(4)标准物质定值

在选定的测量条件下,随机抽取标准物质候选物,由不同的实验者每人独立重复测量 6 次。以多次重复测量结果的平均值作为标准物质特性量值,标准偏差作为重复性引入的不确定度。

(5)标准物质不确定度评定

标准物质定值过程中的不确定度评定主要包括定值方法引入的不确定度和样品均匀性、稳定性引入的不确定度。其中定值方法引入的不确定度包括 A 类不确定度 u_A 和 B 类不确定度 u_B。A 类不确定度为与测量结果的统计学结果相关的不确定度,主要是测量过程引入的不确定度,通常以多次重复测量结果的标准偏差作为 A 类不确定度分量;B 类不确定度为除 A 类不确定度以外的不确定度,主要是由激光共聚焦显微拉曼光谱校准装置引起的。

取扩展因子 $k=2$,则扩展不确定度 U 为

$$U = k u_c \qquad (3-22)$$

式中,u_c 为合成不确定度。GBW13651～GBW13654、GBW13664 五种拉曼频移标准物质的标准值及其不确定度见表 3-3 至表 3-7。

表 3-3 GBW13651 硫拉曼频移标准物质的标准值及其不确定度

编　号	名　　称	拉曼频移/cm⁻¹	扩展不确定度(k=2)/cm⁻¹
GBW13651	硫拉曼频移标准物质	83.2	2.2
		153.2	2.2
		219.2	2.1
		473.2	2.1

编　号	名　称	拉曼频移/cm^{-1}	扩展不确定度(k=2)/cm^{-1}	拉曼频移/cm^{-1}	扩展不确定度(k=2)/cm^{-1}
GBW13652	萘拉曼频移标准物质	513.7	2.3	1 381.3	2.2
		763.0	2.2	1 463.5	2.3
		1 019.8	2.2	1 576.3	2.2
		1 146.3	2.3	3 055.1	2.3

表3-4　GBW13652萘拉曼频移标准物质的标准值及其不确定度

编　号	名　称	拉曼频移/cm^{-1}	扩展不确定度(k=2)/cm^{-1}	拉曼频移/cm^{-1}	扩展不确定度(k=2)/cm^{-1}
GBW13653	环己烷拉曼频移标准物质	384.1	2.3	1 444.2	2.2
		426.5	2.4	2 664.2	2.2
		801.9	2.4	2 852.4	2.2
		1 028.1	2.2	2 923.4	2.2
		1 157.6	2.4	2 937.5	2.2
		1 266.4	2.3	—	—

表3-5　GBW13653环己烷拉曼频移标准物质的标准值及其不确定度

编　号	名　称	拉曼频移/cm^{-1}	扩展不确定度(k=2)/cm^{-1}	拉曼频移/cm^{-1}	扩展不确定度(k=2)/cm^{-1}
GBW13654	对乙酰氨基酚拉曼频移标准物质	214.1	2.4	1 168.2	2.3
		328.8	2.3	1 236.5	2.3
		391.8	2.2	1 277.7	2.4
		465.3	2.2	1 324.4	2.3
		504.3	2.4	1 371.2	2.4
		651.8	2.4	1 515.2	2.3
		710.9	2.2	1 561.4	2.3
		797.1	2.4	1 648.5	2.6
		834.0	2.3	2 930.4	2.2
		857.5	2.2	3 064.6	2.2
		968.5	2.3	3 101.9	2.4
		1104.6	2.7	3 324.6	2.3

表3-6　GBW13654对乙酰氨基酚拉曼频移标准物质的标准值及其不确定度

编　号	名　称	拉曼频移/cm^{-1}	扩展不确定度(k=2)/cm^{-1}	拉曼频移/cm^{-1}	扩展不确定度(k=2)/cm^{-1}
GBW13664	聚苯乙烯拉曼频移标准物质	621.2	2.1	1 583.2	2.2
		795.5	2.2	1 602.4	2.1
		1 001.0	2.1	2 851.3	2.3
		1 031.2	2.1	2 907.5	2.5
		1 154.6	2.3	3 055.7	2.4
		1 449.0	2.1	—	—

表3-7　GBW13664聚苯乙烯拉曼频移标准物质的标准值及其不确定度

石墨烯材料质量技术基础：计量

3.3.2　拉曼相对强度标准物质

拉曼相对强度标准物质利用硼硅酸盐玻璃中掺杂稀土元素的成分及含量不同所产生的荧光效应对拉曼光谱的相对强度进行校准。目前中国计量科学研究院已经发布激发波长为 514.5 nm 的拉曼相对强度标准物质（GBW13650），正在研制其他激发波长的系列拉曼相对强度标准物质。

本小节将以 GBW13650 为例，概述标准物质定值方法、量值表达和不确定度评定的过程。

（1）定值方法的确定

通过含有标准光源的光学系统，由式（3-5）可以测得仪器响应曲线 R。样品实际测得的拉曼谱线（S'_s）的表达式（3-2）可改写为

$$S'_s = P_D \beta'_s s D_s \Omega T A_D Q K t = P_D \beta'_s D_s R K t \qquad (3-23)$$

因此，

$$\beta'_s D_s = \frac{1}{P_D K t} \times \frac{S'_s}{R} \qquad (3-24)$$

式中，D_s、β'_s 取决于样品，与样品应产生的真实谱图密切相关；P_D 为激光到达样品处的强度，是一个常数；K 为几何因子，由于不同材料和样品的光学吸收不同，K 的值不同，但 K 的值也是一个常数；t 为积分时间，也是一个常数。因而这几个常数的乘积不会影响谱线的形状和相对强度，对 S'_s/R 得到的谱线以最高峰强度进行归一化处理，即可得到所测样品真实谱图的相对强度。

图 3-11 为 GBW13650 标准物质激光玻璃的实测谱线和校准后谱线[14]。由图可见，激光玻璃的谱图为连续谱图，适用于相对强度校准。校准后的激光玻璃谱图量值将作为标准物质相对强度的标准值。

因为激光玻璃的拉曼谱线为连续谱线，因此需要对每个拉曼频移下对应的相对强度值进行均匀性检验、稳定性检验、定值，以及不确定度评定，具体测量结果和计算过程见参考文献[14]。

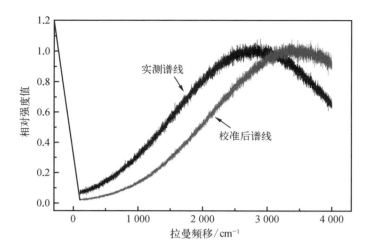

图 3-11 GBW13650 标准物质激光玻璃的实测谱线和校准后谱线[14]

（2）标准物质均匀性检验

参照 JJF 1343—2012《标准物质定值的通用原则及统计学原理》（等效 ISO 指南 35：2006），采用方差分析法对标准物质进行均匀性检验。在 100 个样品中，随机抽取 20 个标准物质候选物，按照上述的定值方法对每个抽取的样品随机选取 3 个位置进行测量。评估结果表明，样品均匀性良好，均匀性引入的不确定度并入标准物质的不确定度。

（3）标准物质稳定性检验

采用趋势分析法对标准物质进行稳定性检验。在一年内，每间隔 3 个月分别测量激光玻璃相对强度的拉曼谱线。评估结果表明，样品稳定性良好，稳定性引入的不确定度并入标准物质的不确定度。

（4）标准物质定值

在选定的测量条件下，随机抽取标准物质候选物，由不同的实验者每人独立重复测量 6 次。以多次重复测量结果的平均值作为标准物质特性量值，标准偏差作为重复性引入的不确定度。

（5）标准物质不确定度评定

标准物质定值过程中的不确定度评定主要包括定值方法引入的不确定度和样品均匀性、稳定性引入的不确定度。其中定值方法引入的不确定度包括 A 类不确定度 u_A 和 B 类不确定度 u_B。不确定度评定可参考 3.3.1 小节的相关内容。

对每个拉曼频移下对应的相对强度值进行不确定度评定,校准后 GBW13650 标准物质激光玻璃的相对强度值及不确定度见图 3 - 12。其中图 3 - 12(a)为相应拉曼频移下的相对强度值与置信区间($p=95\%$),图 3 - 12(b)为相应拉曼频移下相对强度值的相对不确定度($p=95\%$)。

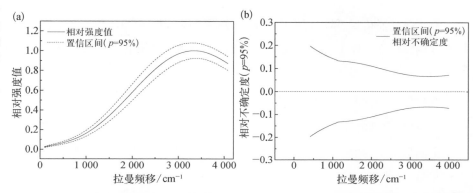

图 3 - 12 校准后 GBW13650 标准物质激光玻璃的相对强度值及不确定度

（a）相应拉曼频移下的相对强度值与置信区间（$p=95\%$）；（b）相应拉曼频移下相对强度值的相对不确定度（$p=95\%$）

综上所述,目前中国计量科学研究院已发布拉曼频移标准物质 5 种,涵盖固体粉末、固体块状及液体不同形态,适用于 83~3 325 cm⁻¹ 内拉曼频移的校准;发布拉曼相对强度标准物质 1 种,适用于激发波长为 514.5 nm 的拉曼光谱仪。图 3 - 13 为已发布的拉曼频移和相对强度标准物质照片。标准物质详细信息可在国家标准物质资源共享平台网站(http://www.ncrm.org.cn)上查询。目前,正在研制适用于 488 nm、532 nm、785 nm 等不同激发波长的拉曼相对强度标准物质及生物医药、珠宝考古等领域所需的拉曼光谱标准物质。

图 3 - 13 已发布的拉曼频移和相对强度标准物质照片

（a）GBW13651~GBW13654 拉曼频移标准物质；（b）GBW13664 聚苯乙烯拉曼频移标准物质；（c）GBW13650 激发波长为 514.5 nm 的拉曼相对强度标准物质

3.4 基于拉曼频移和相对强度标准物质校准拉曼光谱仪的方法

对于拉曼光谱仪,每次使用前都要对仪器的状态进行考查,仪器状态的检查可参照国家标准 GB/T 33252—2016《纳米技术　激光共聚焦显微拉曼光谱仪性能测量》执行。

在拉曼光谱仪的校准方面,拉曼频移和相对强度标准物质具有操作简单、携带方便、经济合理的优点,是终端用户必需的计量器具,从而保证拉曼光谱日常使用中测量结果的准确可靠。校准的主要步骤包括标准物质的选择、标准物质光谱采集、校准曲线和不确定度评定三个部分。目前,已发布 GB/T 36063—2018《纳米技术　用于拉曼光谱校准的标准拉曼频移曲线》、JJF 1544—2015《拉曼光谱仪校准规范》等相关国家标准和校准规范,有关拉曼光谱仪拉曼相对强度校准的标准目前正处于申报和准备阶段。

3.4.1 基于拉曼频移标准物质校准拉曼光谱仪的方法

一般实验室采用单晶硅片、金刚石等对拉曼频移进行仪器性能检测,并不是真正意义上的校准,例如硅片表面的污损、取向等原因导致硅片拉曼频移的量值不能准确确定。另外,单一波数标准物质在拉曼频移校准中没有实际应用意义,因为对大多数物质而言,其拉曼光谱涵盖多条谱线,仅对单一波数进行校准,即只校准了该拉曼频移处检测器的中心位置,不能覆盖实际测量中全量程范围拉曼频移的校准。因此,需要建立拉曼光谱仪全量程、多谱线的线性校准方法。根据实际测量过程的量程范围,选择具有国家标准物质证书的拉曼频移标准物质进行多谱线校准是一种更好、更实用的校准方法,具体过程可参见国家标准GB/T 36063—2018《纳米技术　用于拉曼光谱校准的标准拉曼频移曲线》,主要包括标准物质的选择、标准物质光谱采集、拉曼频移校准、不确定度评定四个部分,从而建立拉曼频移标准物质实测值与标准值的校准曲线。本小节中将从这四个方面简要介绍基于拉曼频移标准物质校准拉曼光谱仪的方法。

在标准物质的选择方面,原则上应选择涵盖待测样品拉曼频移范围的有证标准物质。满足上述条件下,宜选择与待测样品固液态一致的标准物质。以拉曼光谱仪测量富勒烯为例,富勒烯的拉曼频移在 $273 \sim 1\,575\ cm^{-1}$,应选择硫(拉曼频移在 $85 \sim 474\ cm^{-1}$)和萘(拉曼频移在 $513 \sim 3\,057\ cm^{-1}$)两种标准物质,所选标准物质的拉曼频移范围涵盖了待测样品的拉曼频移范围;待测富勒烯为固体粉末,选择的标准物质硫为块状固体、萘为固体粉末,所选标准物质与待测样品均为固体。

在标准物质拉曼光谱采集方面,宜选择与待测富勒烯样品一致或类似的实验条件,包括激发波长、激光功率、狭缝大小、波片方向、光栅等。在选择的实验条件下,对选定的硫、萘两种标准物质重复测量 3 次,取平均值作为标准物质拉曼频移测量值。

在拉曼频移校准方面,以标准物质拉曼频移的测量值为纵坐标,以相对应的标准值为横坐标作图,对所得数据点进行线性拟合。所选的拟合点数越多,越有利于校准曲线的绘制,拟合点数至少为 5 个。以硫、萘两种标准物质分别拉曼频移 3 次所测量的平均值为纵坐标,相对应的拉曼频移标准值为横坐标作图,如图 3 - 14 所示。对所得数据点进行线性拟合,公式为

图 3 - 14　使用硫、萘两种标准物质进行拉曼频移校准及线性拟合

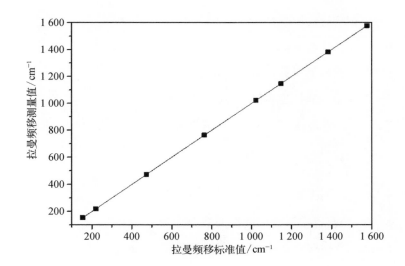

$$y = a + bx \tag{3-25}$$

式中　y——拉曼频移测量值，cm^{-1}；

x——拉曼频移标准值，cm^{-1}；

a——拟合直线的截距，cm^{-1}；

b——拟合直线的斜率。

图 3-14 的线性拟合结果为

$$y = 1.000\,5x - 0.587\,7 \tag{3-26}$$

在使用硫、萘两种标准物质进行拉曼频移校准后，使用拉曼光谱仪测量富勒烯，得到富勒烯拉曼频移的实测值。将实测值代入式（3-25），即可得到富勒烯拉曼频移的校准值。

校准过程引入的不确定度包括标准物质引入的不确定度和校准曲线引入的不确定度两个方面。校准曲线 $y = a + bx$ 引入的不确定度 u_{plot} 为

$$u_{plot} = \frac{S}{b} \times \sqrt{\frac{1}{p} + \frac{1}{n} + \frac{(\overline{\Delta\nu_m} - \overline{\Delta\nu_{RM}})^2}{S_{xx}}} \tag{3-27}$$

式中　S——剩余标准偏差，$S = \sqrt{\dfrac{\sum\limits_{j=1}^{n}\left[\Delta\nu_{m,j} - (a + b\Delta\nu_{c,j})\right]^2}{n-2}}$，$cm^{-1}$；

a——拟合直线的截距，cm^{-1}；

b——拟合直线的斜率；

p——待测样品拉曼频移的测量次数，次；

n——标准物质拉曼频移的测量次数，次；

S_{xx}——标准物质拉曼频移测量结果与测量平均值的平方和，$S_{xx} = \sum\limits_{j=1}^{n}(\Delta\nu_{c,j} - \overline{\Delta\nu_{RM}})^2$，$cm^{-2}$；

$\overline{\Delta\nu_m}$——待测样品拉曼频移的测量平均值，cm^{-1}；

$\overline{\Delta\nu_{RM}}$——标准物质测量 n 次的平均值，cm^{-1}；

$\Delta\nu_{m,j}$——标准物质第 j 次测量的拉曼频移，cm^{-1}；

$\Delta \nu_{c,j}$——标准样品第 j 次测量拉曼频移相对应的标准值,cm^{-1}。

3.4.2 基于拉曼相对强度标准物质校准拉曼光谱仪的方法

使用标准物质校准拉曼相对强度的主要步骤包括标准物质的选择、标准物质光谱采集、拉曼相对强度校准和不确定度评定四个部分,本小节以不同激发波长拉曼光谱仪测量环己烷样品为例,简单介绍拉曼光谱相对强度的校准过程,具体过程可参见国内外标准 ASTM E2911—2013《拉曼光谱仪相对强度校正的标准指南》和 T/CSTM 00159—2020《便携式拉曼光谱仪校准方法》,中国计量科学研究院目前正在进行相关国家标准的实验准备和申报工作。

在标准物质的选择方面,宜选择与待测样品激发波长一致的标准物质。本次选择激发波长分别为 514.5 nm 和 785 nm 的不同激发波长标准物质。

在标准物质光谱采集方法,标准物质与待测样品宜选择一致或类似的实验条件,包括激发波长、激光功率、狭缝大小、波片方向、光栅等。

以标准物质拉曼频移为横坐标,将标准物质拉曼相对强度归一化的测量值与标准值的比值 R 作为纵坐标作图,即得到相对强度校准曲线

$$R = \frac{I_{RM}}{I_{SRM}} \qquad (3-28)$$

式中 I_{SRM}——拉曼相对强度标准值,量纲为 1;

I_{RM}——拉曼相对强度测量值,量纲为 1。

环己烷实测的拉曼谱线与相对强度校准曲线的比值归一化之后得到校准后的环己烷标准拉曼光谱。校准过程引入的不确定度包括标准物质引入的不确定度和校准曲线引入的不确定度两个方面,即

$$u_R = \sqrt{u_{SRM}^2 + u_{RM}^2} \qquad (3-29)$$

式中 u_{SRM}——标准物质拉曼相对强度标准值的不确定度,量纲为 1;

u_{RM}——标准物质拉曼相对强度测量值的不确定度,量纲为 1。

拉曼相对强度校准前后环己烷的拉曼光谱见图 3-15。从图中可以看出,未

经相对强度校准的拉曼光谱缺乏可比性。以环己烷位于 800 cm⁻¹ 处拉曼特征峰的强度值为 1 进行归一化,位于 2 850 cm⁻¹ 处拉曼特征峰的相对强度值在使用 514.5 nm 的激发波长时约为 0.7,而在使用 785 nm 的激发波长时约为 0.2,相差超过 3 倍。在进行相对强度校准后,仍以环己烷位于 800 cm⁻¹ 处的拉曼特征峰强度值进行归一化,位于 2 850 cm⁻¹ 处拉曼特征峰的相对强度值在使用 514.5 nm 和 785 nm 的激发波长时均为 1.4,其拉曼相对强度保持一致。

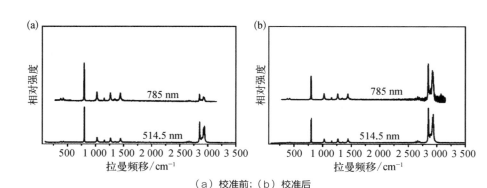

图 3 - 15 拉曼相对强度校准前后环己烷的拉曼光谱

(a) 校准前;(b) 校准后

综上所述,使用标准物质对于拉曼光谱仪进行校准,可以确保测量结果的准确可靠。对科研院所和企事业单位的各实验室拉曼光谱用户来说,建议选用具有国家标准物质证书的拉曼频移和相对强度标准物质,建立拉曼特性量值测量值与标准值的校准曲线。使用标准物质进行校准的主要步骤包括标准物质的选择、标准物质光谱采集、校准曲线的获得和不确定度评定四个部分。

3.5 石墨烯材料拉曼光谱测量标准方法

拉曼光谱是石墨烯材料的重要表征手段,因此人们需要建立对其进行准确测量的分析测量方法,并最终形成公认的国际标准或国家标准。

要开发一个标准化通用测量方法,首先应建立相关测量方法,然后组织相关计量比对检验测量方法的可行性、普适性及测量结果一致性,并在此基础上进行标准编制和发布,最终发展为各实验室使用的标准方法。

3.5.1 测量方法研究

（1）仪器校准及要求

在测量工作前,首先要对拉曼光谱仪进行校准,这是测量结果准确可靠的前提。参照 3.4 节对仪器进行校准。此外,测量石墨烯材料的拉曼光谱仪要求配置激发波长为 $450\sim650\,nm$ 的激光器,仪器光谱分辨率优于 $3\,cm^{-1}$。

（2）样品制备

拉曼光谱具有制备简单、无损分析等优点,基本上无须繁复的样品制备流程。

基底的选择是石墨烯拉曼光谱测量的一个关键步骤。不同基底与石墨烯的相互作用会引起拉曼频移、半峰宽的变化。根据参考文献[15-17]报道,SiO_2/Si、石英、聚二甲基硅氧烷（PDMS）、Si、玻璃和 NiFe 基底上石墨烯的 G 峰峰位和半峰宽较为接近,分别为$(1\,581\pm1)\,cm^{-1}$ 和$(15.5\pm1)\,cm^{-1}$。SiC、铟锡氧化物（ITO）、蓝宝石基底上石墨烯的 G 峰峰位和半峰宽偏差较大。SiC 基底上外延生长的单层石墨烯 G 峰与 2D 峰分别向高波数位移约 $11\,cm^{-1}$ 和 $34\,cm^{-1}$,这是由基底引起的应力效应导致的。石墨烯与 SiC 基底之间存在一层具有蜂窝状晶格结构的碳原子,这一碳层与石墨烯之间的晶格错配对石墨烯产生的压缩应力导致其拉曼 G 峰的位移。不同晶面的蓝宝石基底界面处的水分子局域密度不同,这一水层对石墨烯空穴掺杂引起其 G 峰蓝移程度也就不同。而 ITO 基底上单层石墨烯 G 峰和 2D 峰红移的机理尚不明确。因此,在石墨烯拉曼光谱测量时,建议选择石英、聚二甲基硅氧烷（PDMS）、Si、玻璃、表面覆盖有厚度为 300 nm 或 90 nm SiO_2 层的 Si 等基底。

对不同形态的石墨烯材料,样品前处理方式略有不同。石墨烯薄膜使用溶液刻蚀法转移到基底。石墨烯粉体铺陈到基底上,用干净的小勺或载玻片轻压样品使样品铺平。石墨烯浆料滴涂在基底上。当拉曼信号较弱时,可使用真空泵或烘箱去除浆料中的溶剂和表面活性剂等残留物。

（3）测量参数的选择

一般情况下，待测样品的拉曼频移与激发波长无关，因为拉曼频移反映的是晶格振动模式的能量，是材料的本征性质。但对受激辐射、荧光信号强的样品，不同激发波长的选择对实验结果影响重大。通常情况下，蓝或绿激光适合无机材料（如碳纳米管）的共振拉曼实验及表面增强拉曼实验，红色和近红外激光适合于抑制样品荧光，紫外激光适合生物分子（蛋白质、DNA 等）的共振拉曼实验及抑制样品荧光。对于石墨烯材料，建议使用 450～650 nm 的激光波长，包括 488 nm、514.5 nm、532 nm、633 nm 等。

曝光时间与激光功率对拉曼光谱测量结果具有较大影响。激光功率过强时会导致待测样品烧伤，因此功率选择原则为不烧伤样品的前提下使拉曼光谱具有较好的信噪比。激光过强时产生的热效应会造成拉曼峰位置的改变，因此选择合适的曝光时间也非常重要。对于石墨烯材料，建议激光到达样品表面的功率小于 5 mW，总积分时间宜小于 60 s。

光栅密度与狭缝宽度对拉曼光谱测量结果的信号强度和分辨率影响较大。光栅的刻线密度越高，色散能力越强，因而选择高刻线密度光栅是提高光谱分辨率的一种途径。但过高的光栅刻线密度会损失拉曼光谱的单次测量范围及测量效率。狭缝宽度越大，拉曼信号强度越大，但分辨率越差；狭缝宽度越小，拉曼信号强度越弱，而分辨率越好。因此，对于石墨烯材料，需要选择合适的光栅密度和狭缝宽度，基本原则是在保证样品的信号强度和分辨率的前提下，光栅刻线密度要高，但不能片面追求高；狭缝宽度要窄，但不能过分窄。

对于石墨烯材料，建议选择扫描 100～3 100 cm^{-1}，涵盖石墨烯的 D 峰、G 峰和 2D 峰（G$'$峰）。然而，对于 sp^2 碳材料，除了典型的拉曼 D 峰、G 峰和 2D 峰，还有石墨烯层间的剪切模引起的 C 峰（一般出现在 25～50 cm^{-1}）、石墨烯层间呼吸振动引起的呼吸模（通常研究其位于 145～220 cm^{-1} 的倍频峰）和其他二阶的和频与倍频的拉曼峰（1 650～2 300 cm^{-1}）。这些拉曼信号由于其强度较弱而容易被忽略，但这些拉曼特征峰的峰位、峰型和强度对石墨烯层数和层间堆垛方式均具有很强的依赖性。因此，随着材料和设备的发展，对具有低波数、高分辨等性能优异的拉曼光谱仪来说，扫描范围可适当调整，通过对这些弱信号的拉曼光谱进行分析,进一步研究石墨烯中电子-电子、电子-声子相互作用及其拉曼散射过程。

取样方面,应包含样品的不同位置。对于石墨烯薄膜,建议测量包含样品中部和边缘的至少6个位置。对于石墨烯粉体和浆料,建议在样品瓶的上、中、下至少6个位置取样进行测量。

(4)数据处理

对测得的石墨烯谱图,通过暗修正或暗减法扣除探测器、热电荷等干扰因素引起的背景噪声。使用洛伦兹或高斯拟合确定拉曼光谱特征峰的拉曼频移、半峰宽和强度值。

(5)不确定度评定

测量结果不确定度来源包括设备校准引入的不确定度和测量方法引入的不确定度。设备校准引入的不确定度 u_1,对拉曼频移按 3.4.1 节进行评定,对拉曼相对强度按 3.4.2 节进行评定。测量方法引入的不确定度包括测量方法重复性 u_2、取样代表性 u_3 引入的不确定度,通过标准偏差计算。合成不确定度 u_c 为

$$u_c = \sqrt{\mu_1^2 + \mu_2^2 + \mu_3^2} \tag{3-30}$$

扩展不确定度 U 根据式(3-22)进行计算。

3.5.2   标准方法建立过程中的国内比对

为验证测量方法的普适性和测量结果的可比性,中国计量科学研究院主导了有关《石墨烯材料 拉曼光谱法》的国内比对。依据 3.5.1 小节的研究成果,撰写比对方案,筛选比对样品,召集参加比对实验室,统计分析各参与实验室的测量结果,分析测量不确定度的来源。主导实验室提供了萘拉曼频移标准物质,先使用该标准物质进行仪器校准,再使用测量完标准物质的设备测量样品 A 和样品 B 两种石墨烯样品,按照选定的仪器测量参数对样品进行扫描,获得样品的拉曼光谱,经数据处理后得到拉曼特征峰等数据。

主导实验室根据各参比实验室提交的比对结果进行了分析,参比实验室的

测量结果不确定度根据式(3-30)和式(3-22)进行计算。采用归一化偏差 E_n 值统计方法对测量结果离散性进行评价。根据 JJF 1117—2010《计量比对》，某一参比实验室的测量结果与其不确定度的一致性用归一化偏差 E_n 评价，即

$$E_n = \frac{Y_{ji} - Y_{ri}}{ku_i} \tag{3-31}$$

式中　k——覆盖因子，一般情况 $k = 2$；

　　　u_i——第 i 个测量点上 $Y_{ji} - Y_{ri}$ 的标准不确定度。

　当 u_{ri}、u_{ji} 与 u_{ei} 相互无关或相关较弱时，

$$u_i = \sqrt{u_{ri}^2 + u_{ji}^2 + u_{ei}^2} \tag{3-32}$$

式中　u_{ri}——第 i 个测量点上参考值的标准不确定度；

　　　u_{ji}——第 j 个实验室在第 i 个测量点上测量结果的标准不确定度；

　　　u_{ei}——传递标准在第 i 个测量点上在比对期间的不稳定性对测量结果的影响。

　若 $|E_n| \leqslant 1$，则参比实验室的测量结果与参考值之差在合理的预期之内，比对结果可接受。

　以石墨烯样品 A 为例，比对参加单位对石墨烯样品 A 的拉曼频移测量结果如表3-8和图3-16所示。可见，各家实验室测量结果的不确定度水平相近，故采用9家实验室测量结果的算术平均值作为参考值。

表3-8　石墨烯样品 A 的拉曼频移测量结果

比对参加单位编号	D峰拉曼频移/cm⁻¹	扩展不确定度（$k=2$）/cm⁻¹	E_n	G峰拉曼频移/cm⁻¹	扩展不确定度（$k=2$）/cm⁻¹	E_n
1	1 338	12	-0.24	1 599	19	0.37
2	1 341	11	0.09	1 591	20	-0.06
3	1 334	14	-0.47	1 579	19	-0.69
4	1 343	11	0.24	1 599	18	0.36
5	1 348	20	0.41	1 588	20	-0.22
6	1 346	10	0.50	1 600	18	0.45
7	1 337	12	-0.28	1 589	18	-0.19
8	1 341	16	0.04	1 602	19	0.49
9	1 340	10	-0.01	1 586	19	-0.37

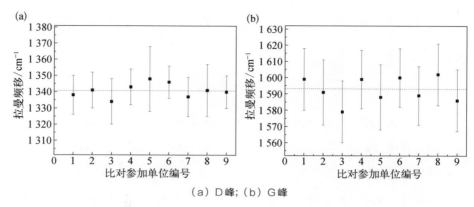

图 3 - 16　石墨烯样品 A 的拉曼频移测量结果

（a）D峰；（b）G峰

图 3-17 显示了石墨烯样品 A 比对结果的 E_n 值。从比对测量结果归一化偏差分析看，$|E_n|$ 值均小于1，表明参比实验室的测量结果与参考值之差在合理的预期之内。计算结果说明测量方法可靠、可操作，且普适性好，能保证测量方法的一致性。

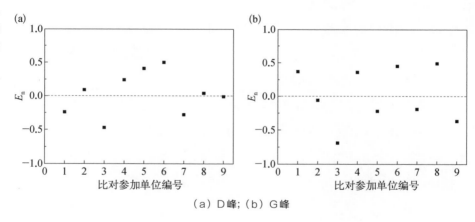

图 3 - 17　石墨烯样品 A 比对结果的 E_n 值

（a）D峰；（b）G峰

根据上述测量方法和比对等计量技术研究成果，中国计量科学研究院编制并发布了拉曼光谱法测量石墨烯材料的团体标准 T/CSTM 00166.1—2019 《石墨烯材料表征　第 1 部分　拉曼光谱法》，与 X 射线衍射法、原子力显微镜法和透射电镜方法共同构成石墨烯粉体材料鉴定真伪的系列测量方法标准。

第 3 章　石墨烯材料拉曼光谱计量技术

3.6 小结

拉曼光谱是用来表征石墨烯层数、缺陷、掺杂和堆垛方式等结构和性质特性参数的有效技术手段。因此,拉曼光谱的准确测量可以满足石墨烯发展过程中对石墨烯质量控制的需求,并为石墨烯的生产和研究提供技术指导。

溯源性是测量结果准确可靠的保障。对于用户来说,采用溯源至 SI 基本单位的有证标准物质对设备或者方法进行校准,既方便实用,又保证了测量结果的准确可靠。使用标准物质校准最重要的因素是选用与被测样品相近的标准物质进行设备校准。例如拉曼频移校准,目前发布的标准物质有很多种,要根据被测样品的拉曼频移范围和样品形态(固态或液态)进行选择。

材料特性量值依赖于材料本身的状态和不同的测量过程,因而标准测量方法在材料计量中占据重要地位。本章介绍了拉曼光谱法测定石墨烯材料的样品制备、测量参数的选择、谱图及数据处理、不确定度评定的过程,并通过主导《石墨烯材料 拉曼光谱法》的国内比对保证了测量方法可靠性、可操作性和普适性,促进了国内标准的制定和使用。

拉曼光谱法仅为石墨烯材料表征方法之一。不同方法制备的石墨烯材料在结晶性和微观结构上存在差异,实际应用中须根据样品特点综合多种方法分析。本方法结合 X 射线衍射法、原子力显微镜法、透射电镜方法作为石墨烯材料的判定依据,将对石墨烯材料的生产和研究提供技术指导。

参考文献

[1] Wu J B, Lin M L, Cong X, et al. Raman spectroscopy of graphene-based materials and its applications in related devices[J]. Chemical Society Reviews, 2018,47(5): 1822-1873.

[2] Yao Y X, Ren L L, Gao S T, et al. Histogram method for reliable thickness

measurements of graphene films using atomic force microscopy(AFM)[J]. Journal of Materials Science & Technology, 2017, 33(8): 815 - 820.

[3] Moon I K, Lee J, Ruoff R S, et al. Reduced graphene oxide by chemical graphitization[J]. Nature Communications, 2010, 1: 73.

[4] Gupta A, Chen G, Joshi P, et al. Raman scattering from high frequency phonons in supported n-graphene layer films[J]. Nano Letters, 2006, 6(12): 2667 -2673.

[5] 盛祥勇,任玲玲,姚雅萱,等.温度对堆叠双层石墨烯层间耦合的影响[J].计量学报, 2018,39(6): 791 - 796.

[6] 吴娟霞,徐华,张锦.拉曼光谱在石墨烯结构表征中的应用[J].化学学报,2014,72 (3): 301 - 318.

[7] Pollard A J, Brennan B, Stec H, et al. Quantitative characterization of defect size in graphene using Raman spectroscopy[J]. Applied Physics Letters, 2014, 105 (25): 253107.

[8] 赵迎春,任玲玲,魏伟胜,等.激光共聚焦显微拉曼光谱仪校准程序[J].光谱学与光 谱分析,2015,35(9): 2544 - 2547.

[9] Fryling M, Frank C J, Mccreery R L. Intensity calibration and sensitivity comparisons for CCD/Raman spectrometers[J]. Applied Spectroscopy, 1993, 47 (12): 1965 - 1974.

[10] 姚雅萱,任玲玲,高思田,等.拉曼光谱仪相对强度校准及不确定度评定[J].现代科 学仪器,2015(3): 134 - 139.

[11] 全国标准物质管理委员会.标准物质的研制、管理与应用[M].北京:中国计量出版 社,2010.

[12] 任玲玲,赵迎春,姚雅萱,等.几种代表性纯物质拉曼光谱有效测量程序的确定[J]. 现代测量与实验室管理,2014(6): 3 - 6.

[13] 全浩,韩永志.标准物质及其应用技术[M].2 版.北京:中国标准出版社,2003.

[14] 姚雅萱,任玲玲,高思田,等.拉曼光谱仪相对强度标准物质量值表达及不确定度评 定[J].计量学报,2017,38(3): 376 - 379.

[15] Wang Y Y, Ni Z H, Yu T, et al. Raman studies of monolayer graphene: The substrate effect[J]. The Journal of Physical Chemistry C, 2008, 112(29): 10637 - 10640.

[16] Das A, Chakraborty B, Sood A K. Raman spectroscopy of graphene on different substrates and influence of defects[J]. Bulletin of Materials Science, 2008, 31(3): 579 - 584.

[17] Komurasaki H, Tsukamoto T, Yamazaki K, et al. Layered structures of interfacial water and their effects on Raman spectra in graphene-on-sapphire systems[J]. The Journal of Physical Chemistry C, 2012, 116(18): 10084 - 10089.

第 4 章

X 射线衍射法测量
石墨烯材料晶体结构

4.1 概述

    X 射线衍射技术（XRD）是材料晶体结构的主要表征技术之一，具有样品用量少、制备简单、非破坏性等特点，在化学、物理学、地质学、材料科学、生物学等学科，石油、化工、冶金、信息工业、航空航天等产业部门，司法、商品鉴定等领域都有广泛而重要的应用。X 射线衍射技术利用 X 射线在晶体、非晶体中的衍射效应来表征材料的晶体结构、晶面间距、晶格参数和结晶度等[1]。

    石墨烯材料包括不同氧化或还原程度的氧化石墨烯、还原氧化石墨烯及单层至少层石墨烯，要区别这些材料，XRD 是表征石墨烯材料晶体结构的重要工具。XRD 可测量不同石墨烯材料的衍射峰，或通过布拉格方程计算层间距，与其他方法结合可作为石墨烯材料晶体结构的测量依据，其准确测量可以为石墨烯材料的生产和研究提供技术指导。

    氧化石墨烯（Graphene Oxide，GO）由于层间所含空穴、缺陷、水分子及 —COOH、—COH、—OH 基团的不同而使层间距 d_{002} 不同，对应 XRD 谱图的 2θ 角度不同。Huh[2] 报道了氧化石墨烯热还原过程中氧化石墨烯和石墨烯的 XRD 图（图 4-1 和图 4-2），并给出了 XRD 测量石墨烯材料的结构示意图（图4-3）。从图 4-1 和图 4-2 中可以看出，石墨烯氧化程度越高，d_{002} 对应峰 2θ 在越小角度出现，并且 GO 样品越湿润，22°～25°内峰强度越弱，甚至几乎不会出现，见图

图 4-1 室温到 1 000℃ 原位测量氧化石墨烯制备石墨烯的 XRD 图

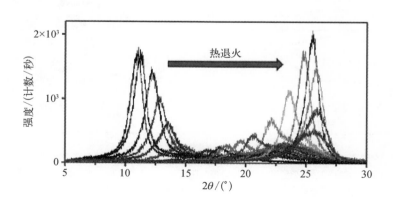

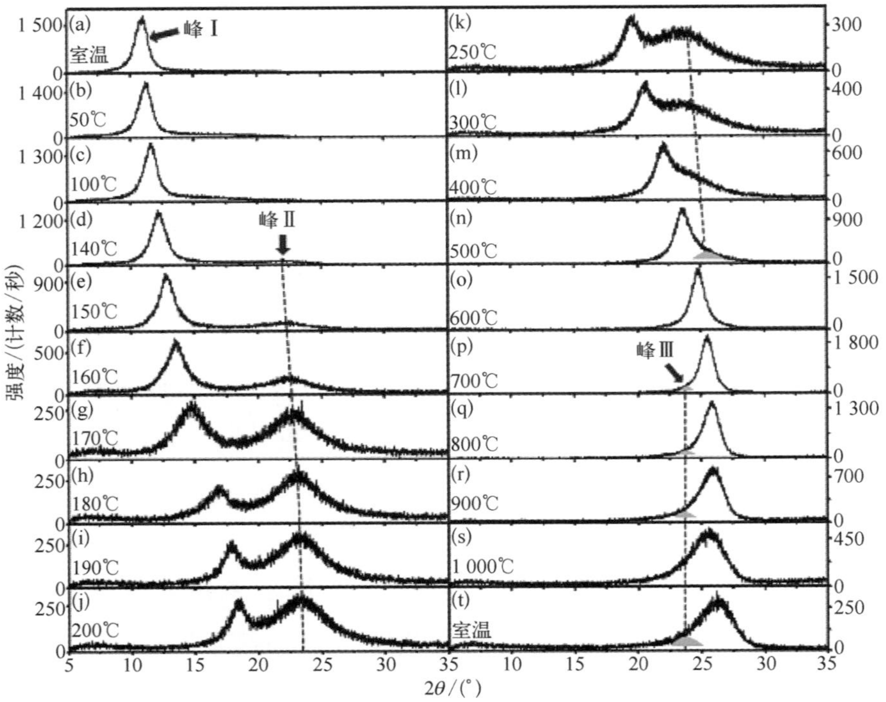

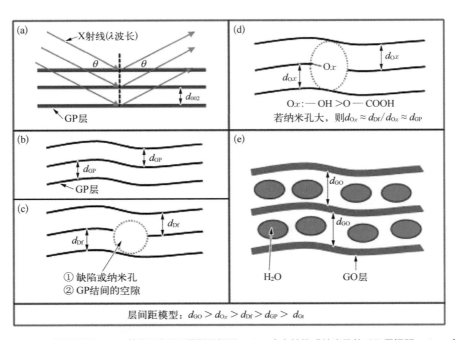

图4-2 图4-1 中不同热还原温度 下石墨烯的 XRD 图

图4-3 基于布拉 格方程的 GP 或石 墨{002}晶面（a） GO d_{002}模型（e） 和热还原 GP（b~ d）

d_{Gt}—石墨层间距；d_{GP}—单层至少层石墨烯层间距；d_{Df}—含有缺陷或纳米孔的 GP 层间距；d_{Ox}—含 有 sp^3键合 C—Ox 的 GO 与 GP 层间距；d_{GO}—含有各种氧基团和水分子的 GO 层间距

石墨烯材料质量技术基础：计量

4-2(a)～(c)及图4-3(e)。随着还原程度的增加及水分的缺失，d_{002}对应峰2θ向大角度（右侧）迁移，并且在$13°～25°$内出现明显的两个峰。当还原越来越趋向完全时，石墨烯的d_{002}对应峰2θ与石墨的2θ基本一致，但是该峰石墨烯半峰宽要大于石墨的半峰宽。这体现了氧化石墨烯的热还原过程包括嵌入水分子和含氧官能团的去除，氧化石墨烯/石墨烯片的缺陷形成、晶格收缩和剥离，氧化石墨烯/石墨烯层的折叠和展开，以及自下而上的趋向大块石墨的层堆积。

为了更好地比较石墨和石墨烯氧化及还原氧化物的 XRD 图区别，图4-4给出氧化石墨（Graphite Oxide，GOt）和采用不同还原能力的还原剂还原氧化石墨的 XRD 图[3]。比较图4-4与图4-2(a)～(c)可以看出，室温下 GOt 与 GO的区别在于 GOt 在$20°～25°$内有峰而 GO 没有峰。通过在乙醇类溶液中的还原反应，一方面进行了不同程度的还原，另一方面促进了石墨剥离为少层石墨烯，因此在甲醇（MeOH）、乙醇（EtOH）、异丙醇（iPrOH）、苯甲醇（BnOH）和肼还原剂作用下，GOt 还原为少层石墨烯。

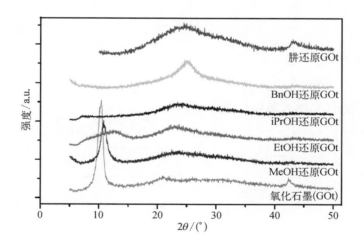

图4-4 氧化石墨和 MeOH、EtOH、iPrOH、BnOH、肼还原氧化石墨的 XRD 图（实验条件：$\lambda = 0.154\,05\,nm$，温度为 25℃，相对湿度为 45%）

从上述分析可以看出，出峰角度2θ是石墨烯表征的重要参数，对分析石墨烯氧化的状态、层间距以及石墨烯与石墨的区别至关重要，因此需要准确测量。实现准确测量，需要保证人（员）、机（器/设备）、料（物料、样品）、法（法规、标准）、环（环境）五个方面。在石墨烯材料晶体结构的 XRD 方法测量方面，假设人员、环境满足条件，被测对象石墨烯材料已经选定，其晶体结构 XRD 方法准确测量与 XRD 设备是否准确可靠及测量方法是否可靠一致相关,因此本章重点阐述如何保证 XRD 设备准确可靠及 XRD 测量石墨烯材料的测量方法可靠一致。

4.2　设备溯源和校准

正如上节所述,X 射线衍射技术测量石墨烯材料晶体结构,需要确保仪器主要性能,特别是角度测量结果的准确可靠,从而满足石墨烯发展过程中对石墨烯质量控制的需求。为保障量值的准确可靠,最基础、最核心的过程就是仪器的量值溯源和量值传递。溯源性是指通过一条具有规定不确定度的不间断比较链,使测量结果或测量标准的值能够与规定的参考标准,通常是与国家测量标准或者国际测量标准联系起来的特性。量值传递是指通过计量检定或者校准,将国家计量基准所复现的计量单位量值逐级传递给各级计量标准直至工作计量器具的活动。溯源性和量值传递是国家计量机构需要开展的技术研究,通过研究建立国家计量标准装置、有证标准物质及校准技术规范以提供给社会终端用户(科研单位、企业等)。

X 射线衍射技术利用晶体对 X 射线的衍射效应,根据 X 射线穿过物质的晶格时所产生的衍射特征来鉴定晶体的内部结构。该方法基于布拉格方程,方程可由式(4-1)给出,原理图见图 4-5。

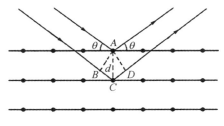

图 4-5　X 射线衍射技术原理图

$$2d_{(hkl)} \sin \theta = n\lambda \qquad (4-1)$$

式中　$d_{(hkl)}$——晶面间距,nm;

　　　θ——衍射角度,(°);

　　　n——衍射级数;

　　　λ——X 射线(入射)波长,nm。

其中 h、k、l 表示晶面指数;λ 取决于 X 射线管所用的对阴极(靶)金属材料。

　　　　　石墨烯材料质量技术基础:计量

4.2.1 设备溯源

从式(4-1)可以看出,材料晶面间距的准确测量与衍射角度 θ 和入射波长 λ 的准确测量相关,因此需要将上述两个参数溯源至 SI 基本单位。X 射线衍射仪的溯源性研究参见附录 1[4,5],整个溯源过程中评估影响准确结果的不确定度来源和量值的结果见表 4-1。基于上述研究,中国计量科学研究院已经建立了 X 射线衍射仪的溯源路径[图 4-6(a)],衍射角度溯源至多齿分度台标准装置,入射波长溯源至单晶硅晶格参数。同时,建立了多晶 X 射线衍射仪检定装置([2016]国量标计证字第 305 号),用于 X 射线衍射仪的检定校准,如图 4-6(b)所示。

表 4-1 X 射线衍射仪不确定度来源和量值的评估结果

不确定度分量 u_i		不确定度来源	不确定度 $u(x_i)$	c_i		覆盖因子 k	自由度 ν
				符号	量值		
u_{θ_1}	角度	角度测量体系准确度	0.000 5°	c_1	$c(\theta)$ −2.518	2	50
u_{θ_2}		光路和探测器	0.003°	c_2		2	12.5
u_{θ_c}		全反射角	0.05°	c_3	$c(\theta_c)$ 0.064	2	12.5
u_λ		X 射线波长	1.4×10^{-4} nm	c_4	$c(\lambda)$ 5.744	2	50
设备标准不确定度 u_c							0.01 nm

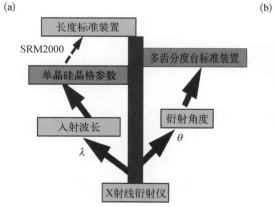

图 4-6 X 射线衍射仪的溯源路径(a)及多晶 X 射线衍射仪检定装置证书(b)

4.2.2　设备校准

终端用户更关心如何利用计量标准的成果来确保本实验室所使用设备的准确可靠。确保设备的持续可靠主要有两种途径,一种是通过注册的计量检校部门对设备进行定期检定校准,另一种是本实验室利用有证标准物质对设备定期自校或检验。这两种途径都需要依据标准或规程规范。

参照国家计量检定规程 JJG 629—2014《多晶 X 射线衍射仪》,下面介绍对 X 射线衍射仪进行检定校准的过程。校准项目主要包括仪器 2θ 角示值误差和重复性、仪器分辨力、探测器能谱分辨力和衍射强度稳定性。校准项目需要选用不同的标准物质进行校准,其中仪器 2θ 角和仪器分辨力校准用的标准物质为粉末 α-SiO_2(平均粒径不大于 20 μm,晶格常数的标准不确定度不大于 0.000 01 nm);探测器能谱分辨力和衍射强度稳定性校准用的标准物质为粉末 Si(平均粒径在 10 μm 左右,晶格常数的标准不确定度不大于 0.000 02 nm)。

（1）仪器 2θ 角示值误差

测量粉末 α-SiO_2 标准物质,测量条件如下:Cu K_α 辐射,Ni 滤波片,发散狭缝和散射狭缝设为 1°,接收狭缝为 0.1～0.3 mm,连续扫描速度不大于 2°/min,步进扫描速度不大于 0.01°/步,在 15°～125°(2θ)内进行单向扫描。记录 α-SiO_2 标准物质的{100}晶面、{101}晶面、{110}晶面、{200}晶面、{211}晶面、{312}晶面、{314}晶面衍射线的衍射角,根据式（4-2）计算各衍射角示值与其标准值的误差。

$$\Delta(2\theta) = 2\theta - 2\theta_s \qquad (4-2)$$

式中　$\Delta(2\theta)$——2θ 角示值误差,(°);

　　　2θ——2θ 角的仪器示值,(°);

　　　$2\theta_s$——标准物质各晶面对应的 2θ 角,(°)。

各衍射角示值误差中绝对值最大的值为仪器 2θ 角示值误差结果,要求其在 ±0.02°以内。

（2）仪器 2θ 角重复性

参照上述测量条件，对粉末 α - SiO_2 标准物质 $\{101\}$ 晶面的 2θ 角进行单向扫描，重复 7 次，根据式（4 - 3）计算标准偏差。

$$s(2\theta) = \sqrt{\frac{\sum_{i=1}^{n} (2\theta_i - \overline{2\theta})^2}{n - 1}} \qquad (4-3)$$

式中　$s(2\theta)$——2θ 角单次测量值的标准偏差，$(°)$；

　　　2θ——2θ 角的单次测量值，$(°)$；

　　　$\overline{2\theta}$——2θ 角的平均值测量值，$(°)$；

　　　n——测定次数。

仪器 2θ 角重复性要求结果不超过 $0.002°$。

（3）仪器分辨力

参照上述测量条件，接收狭缝为 $0.1 \sim 0.15$ mm，连续扫描速度不大于 $2°/\text{min}$，步进扫描速度不大于 $0.01°/$步，在 $67° \sim 69°$ 扫描 2θ 角并记录，得到图 4 - 7 所示的衍射图。

根据式（4 - 4），计算仪器分辨力。

图 4 - 7　粉末 α - SiO_2 标准物质衍射图

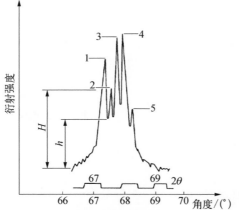

1—$\{212\}$ 晶面 $K_{\alpha 1}$ 衍射峰；2—$\{212\}$ 晶面 $K_{\alpha 2}$ 衍射峰；3—$\{203\}$ 晶面 $K_{\alpha 1}$ 衍射峰；4—$\{203\}$ 晶面 $K_{\alpha 2}$ 衍射峰和 $\{301\}$ 晶面 $K_{\alpha 1}$ 衍射峰；5—$\{301\}$ 晶面 $K_{\alpha 2}$ 衍射峰

$$D = \frac{h}{H} \times 100\% \qquad (4-4)$$

式中　D——仪器分辨力；

　　　h——$\{212\}$ 晶面的 $K_{\alpha 1}$ 衍射峰和 $K_{\alpha 2}$ 衍射峰之间的峰谷位置所对应的衍射强度；

　　　H——$\{212\}$ 晶面的 $K_{\alpha 2}$ 衍射峰的峰高位置所对应的衍射强度。

仪器分辨力要求结果不大于 60%。

（4）探测器能谱分辨力

测量粉末 Si 标准物质，测量条件如下：Cu K$_\alpha$ 辐射，Ni 滤波片，发散狭缝和散射狭缝为 1°，接收狭缝为 0.1～0.3 mm。调整 Si{111} 晶面 K$_{\alpha 1}$ 衍射强度为满度值的 80% 左右，将放大器的道宽固定不变，启动能谱分辨力扫描，得到图 4-8 所示的能谱分辨力扫描图。

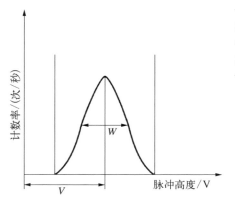

图 4-8　粉末 Si 标准物质能谱分辨力扫描图

根据式（4-5）计算探测器能谱分辨力。

$$E_{R} = \frac{W}{V} \times 100\% \qquad (4-5)$$

式中　E_R——探测器能谱分辨力；

　　　W——扫描曲线的半峰宽，即一半峰高位置所对应的宽度，V；

　　　V——扫描曲线最高峰处所对应的电压，V。

探测器能谱分辨力，对于正比计数器要求其不大于 20%（Cu K$_\alpha$），对于闪烁计数器要求其不大于 55%（Cu K$_\alpha$）。

（5）衍射强度稳定性

对于新购置的 X 射线衍射仪首次校准时，或仪器经安装维修后对计量性能有重大影响后续校准时，有必要对其衍射强度稳定性进行确认。测量粉末 Si 标准物质，测量条件如下：Cu K$_\alpha$ 辐射，Ni 滤波片，发散狭缝为 2°，散射狭缝为 4°，接收狭缝在 0.3 mm 以上，保持衍射角不变，测定 Si{111} 晶面的衍射强度。采用定时计数法，累计计数率为 1×10^4 次/秒左右，定时时间为 200 s，仪器稳定后，每隔 5 min 记录一次计数，连续 8 h，根据式（4-6）计算该组数据的相对极差。

$$R = \frac{N_{max} - N_{min}}{\overline{N}} \times 100\% \qquad (4-6)$$

式中　R——衍射强度的相对极差；

　　　$\overline{N}$——衍射强度的平均值；

N_{max}——衍射强度的最大值；

N_{min}——衍射强度的最小值。

衍射强度稳定性要求结果不大于 1.5%/8 h。

参照上述方法,定期对衍射仪进行校准、核查,以确保使用的设备在质量运行体系管控中。

4.3　测量方法研究

4.2 节阐述了如何通过溯源和校准来保证 XRD 设备准确可靠。在设备可靠的基础上,本节介绍 XRD 测量石墨烯粉体材料晶体结构标准方法的建立[6]。

4.3.1　测量样品准备

通常对于粉体材料晶体结构表征,X 射线粉末衍射测量方法简单易行,但是制样不好将造成测量衍射角度有较大的差异。由于石墨烯粉体材料自身特点及制备方法导致制样困难。石墨烯粉体材料密度小、样品轻,在制备 XRD 测量样品时易轻飘;其二维片层结构,造成制样时易滑动、不易压实,且样品表面不平整,因此研究人员对制样技术进行了研究。

通过尝试不同压片技术,研究人员得到了解决样品轻飘和滑动问题的方法,建议将石墨烯粉末样品置于载样片凹槽中,在载样片表面涂上高纯度乙醇进行压平压实至样品表面与载样片表面在同一平面内。

4.3.2　取样原则

为了确保测量结果的可靠性和代表性,在从送样中选取样品进行测量时,需要在送样包装中的不同部位(如上部、中部、下部)分别取样[7]。

4.3.3　测量条件

由于 XRD 测量方法相对简单,本小节描述测量石墨烯粉体材料晶体结构时最佳测量条件选择依据。

(1)管电压和管电流

使用的管电压和管电流应不超过所使用的 X 射线管所规定的最大管电压和管电流,部分仪器以最大使用功率表示。

(2)狭缝宽度

狭缝的种类有发散狭缝、防散射狭缝、接收狭缝和索拉狭缝。总的来说,狭缝的宽度大小对衍射强度和分辨率都有影响。宽度越大,衍射强度越大,但分辨率越差;反之,宽度越小,衍射强度越小,而分辨率越好。

选用合适的狭缝宽度,使整个测量过程中 X 射线尽量完全打在样品测量面内。发散狭缝的大小应满足通过式(4-7)计算得到的样品表面受照区宽度不大于样品框的装样窗孔宽度。防散射狭缝一般使用与发散狭缝一致的狭缝大小。

$$L = \alpha R / \sin \theta \tag{4-7}$$

式中　L——样品表面受照区宽度,mm;

α——发散狭缝角度,(°);

R——测角仪半径,mm;

θ——布拉格角,(°)。

(3)采谱范围为 5°~60°。

(4)采谱模式为连续扫描或实时采谱。

(5)采谱速度或时长:采谱速度为 4°~8°/min,或采谱时长为 10 min 以上。

(6)采谱步宽(对扫描式 X 射线衍射仪)一般可设为 0.02°,对峰宽较大的石墨烯样品可选用较大的步宽,采谱步宽应不大于最尖锐峰的半峰宽的 1/3。

按照上述测量参数对样品进行采谱,获得样品的衍射谱图。样品重复测量不少于 3 次。

4.3.4 图谱分析及数据处理

现代先进测量技术除了要在最佳测量条件下获得图谱,对衍射图谱的数据处理也同等重要。XRD 图谱数据处理流程一般包含以下三步。

(1)平滑处理 对获得的每幅图谱用 11 个点平滑一次。

(2)扣背景处理 在荧光峰等导致基线不水平时需要做背景扣除。

(3)寻峰 标记衍射峰角度 2θ、强度、半峰宽等数据,通过测量标准物质得到的校准曲线来校准衍射峰角度,通过布拉格方程计算晶面间距。

每次测量样品的测量结果应包含多次测量结果的平均值及标准偏差。为了确保测量方法准确可靠,首先要确保仪器设备在检定校准周期内。

4.4 计量比对

为了确保建立的测量方法的可操作性、普适性和测量结果的可比性,需要对建立的测量方法进行计量比对[8]。下面介绍由中国计量科学研究院主导的"石墨烯粉体材料测量方法 X 射线衍射法"的国内比对,从而概述计量比对的关键因素。

中国计量科学研究院材料计量实验室作为主导实验室,筛选出符合均匀性要求的石墨烯粉体材料样品 A 和样品 B 作为比对样品(其 XRD 图见图 4-9)提供给参加比对实验室;依据科学研究提供比对方案,包括仪器校准方法、标准物质、测量方法、数据分析的所有内容(相关内容见 4.2 节和 4.3 节);召集了具有同等水平的 8 家实验室开展计量比对试验;对收集到的各实验室结果进行数据分析、选择参考值和不确定度评定,最终给出测量结果离散性的评价。

主导实验室提供了 NIST 发布的二氧化硅标准物质 SRM 1878b,每家单位

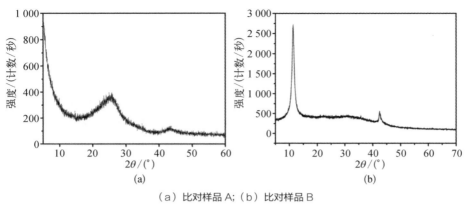

图 4-9 石墨烯粉体材料 XRD 图

（a）比对样品 A;（b）比对样品 B

在测量比对样品前,先测量该标准物质,再使用测量标准物质后的设备测量比对样品 A 和比对样品 B,每种样品有 3 个平行样(分别从样品瓶的上、中、下三个位置取样)。

以每家单位标准物质的测量值为纵坐标,以标准物质的标准值为横坐标,进行线性拟合作校准曲线。以 5 号单位二氧化硅标准物质为例,测量结果见表 4-2。其线性拟合结果为 $y = 0.999\,95x - 0.005\,99$,线性相关系数 $r = 1.000\,00$。

2θ 标准值/(°)	2θ 测量值/(°)
20.860	20.856
26.639	26.631
36.543	36.534
42.449	42.441
59.958	59.947
90.828	90.811
106.589	106.590
120.119	120.102

表 4-2　5 号单位二氧化硅标准物质测量结果

依据仪器校准获得的校准曲线,将比对样品的测量值作为 y 代入校准曲线,计算出对应的 x 值作为测量结果的校准值。可得到 5 号单位测量比对样品 B 的校准值见表 4-3。

表4-3 5号单位测量比对样品 B 的校准值

样品编号	测量次数	2θ 测量值/(°)	2θ 校准值/(°)
B-1	1	11.929	11.935 6
	2	12.052	12.058 6
	3	12.154	12.160 6
B-2	1	11.827	11.833 6
	2	11.991	11.997 6
	3	12.134	12.140 6
B-3	1	11.847	11.853 6
	2	11.970	11.976 6
	3	12.113	12.119 6
平均值		12.001 9	12.008 5
标准偏差		0.120 7	0.120 7

在评价各个参加比对实验室测量结果离散性时,需要计算归一化偏差 E_n 值,而 E_n 值根据式(4-8)计算。

$$E_n = \frac{Y_{ji} - Y_{ri}}{ku_i} \tag{4-8}$$

式中 k——覆盖因子,一般情况 $k = 2$;

u_i——第 i 个测量点上 $Y_{ji} - Y_{ri}$ 的标准不确定度。

从式(4-8)中可以看出,E_n 值的计算与各实验室测量结果不确定度密切相关。下面介绍评定测量结果的不确定度。

分析整个测量过程,测量结果不确定度主要来源有校准曲线引入的不确定度 u_1、测量重复性引入的不确定度 u_2、标准物质引入的不确定度 u_3 及样品均匀性引入的不确定度 u_4。

(1)校准曲线引入的不确定度 u_1

校准曲线引入的不确定度见式(4-9)。

$$u(x_0) = \frac{S}{b}\sqrt{\frac{1}{p} + \frac{1}{n} + \frac{(x_0 - \overline{x})^2}{\sum\limits_{i=1}^{n}(x_i - \overline{x})^2}} \tag{4-9}$$

式中　　S——剩余标准偏差，$S = \sqrt{\dfrac{\sum\limits_{j=1}^{n}\left[y_i - (a + bx_i)\right]^2}{n-2}}$；

　　　　a——拟合直线的截距；

　　　　b——拟合直线的斜率；

　　　　p——测量样品晶面测量的次数，次；

　　　　n——标准物质所有晶面测量的总次数，次；

　　　　x_0——测量样品的测量平均值，(°)；

　　　　x——标准物质的测量平均值，(°)；

　　　　x_i——标准物质第 i 次测量的标准值，(°)；

　　　　$\bar{x}$——标准物质的标准值的平均值，(°)；

　　　　y——标准物质的测量值，(°)。

以 5 号单位测量比对样品 B 的测量结果为例进行计算，$S = 0.006\,2$，$b = 0.999\,95$。比对样品 B 共测量 9 次，故 $p = 9$；对标准物质 8 个晶面各测 1 次，故 $n = 8$。依据公式进行计算，对比对样品 B 测量值校准后的总平均值校准结果（$x_0 = 12.008\,5$）的不确定度 $u(x_0) = 0.004\,4°$。

（2）测量重复性引入的不确定度 u_2

测量重复性引入的不确定度可以通过计算重复测量的标准偏差表示。以 5 号单位测量比对样品 B 的测量结果为例进行计算，9 次测量结果的标准偏差 $u_2 = 0.120\,7°$。

（3）标准物质引入的不确定度 u_3

所测的标准物质 NIST SRM 1878b 标准物质证书中，a 值为（$0.491\,406 \pm 0.000\,020$）nm，$c$ 值为（$0.540\,554 \pm 0.000\,020$）nm，经计算可得标准物质在 $2\theta = 12.008\,5°$ 处引入的不确定度为 $5.01 \times 10^{-6}°$。

（4）样品均匀性引入的不确定度 u_4

以 8 家比对参加单位的测量结果校准值作为组内，各比对参加单位之间的测量结果校准值作为组间，通过 F 检验进行均匀性评估，计算样品均匀性引入的不确定度。比对样品 B 的均匀性计算结果如表 4 - 4 所示，均匀性引入的不确定度为 $0.665\,7°$。

表 4-4 比对样品 B 的均匀性计算结果[单位：（°）]

m	n									
	1	2	3	4	5	6	7	8	9	$\bar{x}$
1	11.981 4	12.177 9	11.930 2	11.987 2	12.071 2	12.050 4	11.900 3	12.001 1	12.089 4	12.021 0
2	12.583 6	12.649 4	12.704 2	12.567 6	12.639 4	12.699 2	12.619 5	12.678 3	12.724 1	12.651 7
3	11.345 6	11.342 6	11.314 6	11.536 8	11.535 8	11.539 8	11.696 6	11.704 6	11.540 6	11.506 3
4	11.004 9	11.005 9	10.917 9	11.009 9	11.123 9	11.108 9	11.094 9	11.025 9	10.908 9	11.022 3
5	11.935 6	12.058 6	12.160 6	11.833 6	11.997 6	12.140 6	11.853 6	11.976 6	12.119 6	12.008 5
6	11.027 7	11.028 7	10.940 7	11.032 7	11.146 7	11.131 7	11.117 7	11.048 7	10.931 7	11.045 1
7	10.399 5	10.470 9	10.527 5	10.892 1	10.815 5	10.991 2	10.402 2	10.449 2	10.320 7	10.585 4
8	11.587 8	11.661 8	11.630 8	11.642 8	11.582 8	11.589 8	11.478 8	11.595 8	11.616 8	11.598 6

总平均值 $\bar{\bar{x}}$	11.554 9	组间差方和 Q_1	28.022 6
组内差方和 Q_2	0.970 2	测量次数 N	72
组间自由度 ν_1	7	组内自由度 ν_2	64
S_1^2	4.003 2	S_2^2	0.015 2

合成不确定度 $u_c = \sqrt{u_1^2 + u_2^2 + u_3^2 + u_4^2}$；扩展不确定度 $U = ku_c(k=2)$。

综上，以 5 号单位测量比对样品 B 的测量结果为例，合成不确定度为 0.676 5°，扩展不确定度为 1.353 1°（$k=2$）。

比对参加单位提供数据进行不确定度评定及归一化偏差 E_n 值计算，结果见表 4-5、表 4-6 和图 4-10、图 4-11。从表 4-5 和表 4-6 可以看出，各实验室测量结果的不确定度水平相近，故采用 8 家实验室的测量结果算术平均值作为参考值，采用 E_n 值统计方法对测量结果离散性进行评价。根据 JJF 1117—2010《计量比对》，若 $|E_n| \leqslant 1$，则参比实验室的测量结果与参考值之差在合理的预期之内，比对结果可接受。从表 4-5、表 4-6 和图 4-10、图 4-11 可知，各参比实验室的比对结果均可接受。

表 4-5 比对样品 A 的测量结果

比对参加单位编号	$2\theta/(°)$	扩展不确定度($k=2$)/(°)	E_n
1	26.161 5	0.886 7	0.05
2	26.787 3	0.750 7	0.83
3	25.908 8	0.759 4	−0.25

比对参加单位编号	$2\theta/(°)$	扩展不确定度($k=2$)/(°)	E_n
4	26.379 7	0.700 5	0.35
5	26.062 4	0.739 3	−0.06
6	25.666 5	1.043 8	−0.41
7	25.775 9	1.064 9	−0.30
8	26.173 0	1.088 6	0.05
参考值	26.114 4	0.315 5	—

比对参加单位编号	$2\theta/(°)$	扩展不确定度($k=2$)/(°)	E_n
1	12.021 0	1.342 5	0.33
2	12.651 7	1.376 9	0.75
3	11.506 3	1.363 1	−0.03
4	11.022 3	1.340 3	−0.37
5	12.008 5	1.353 1	0.32
6	11.045 1	1.340 3	−0.36
7	10.585 4	1.419 8	−0.65
8	11.598 6	1.335 5	0.03
参考值	11.554 9	0.480 5	—

表 4-6 比对样品 B 的测量结果

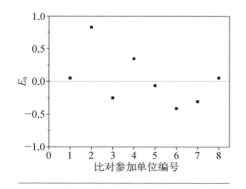

图 4-10 比对样品 A 测量结果的 E_n 值

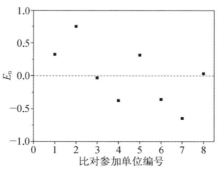

图 4-11 比对样品 B 测量结果的 E_n 值

通过计量比对得到各实验室测量结果一致性的结论,验证了所建立测量方法的可靠性、可操作性及普适性,说明所建立的测量方法有效、可靠。

4.5　标准方法

通过 4.2 节到 4.4 节从设备校准到制样、取样、测量条件研究，以及通过计量比对验证测量结果等效一致，验证了测量方法的可靠性、可操作性和适用性，适于科研及产业推广应用。因此依据 GB/T 1.1—2009《标准化工作导则　第 1 部分：标准的结构和编写》和 T/CSTM 00002—2019《测量方法标准编制通则》给出的规则起草，最终中关村材料试验技术联盟（CSTM）发布了团体标准 T/CSTM 00166.2—2019《石墨烯材料表征　第 2 部分　X 射线衍射法》，为石墨烯材料晶体结构测量及检测提供统一的测量依据。

本标准方法作为石墨烯材料晶体结构表征系列标准之一，与本系列的拉曼光谱法、原子力显微镜法、透射电子显微镜法等其他标准一起使用，将对石墨烯材料的生产和研究提供技术指导。

4.6　小结

石墨烯相关二维材料是层数小于 10 层的石墨烯及其衍生物的统称，其晶体结构因为衍生结构的不同而不同。XRD 是石墨烯相关二维材料晶体结构测量的重要技术之一，XRD 测量结果的准确性对其结构判断至关重要。通过设备校准可以保证设备的准确可靠，通过计量比对可以保证测量方法的一致性和可操作性。基于验证了测量方法的可靠性，可以将测量方法上升为标准方法，提供给科研和生产单位作为统一的测量依据，提供准确的测量数据，有利于缩短研发时间，提升产品品质。

本章介绍了 X 射线衍射技术的测量原理和测量方法，X 射线能量较高，因而 X 射线的穿透深度为几微米到几十微米。但是对于亚纳米至纳米级厚度的石墨烯薄膜样品，X 射线射到薄膜样品上会透过薄膜材料透入基底内部，因此常规对称衍射得到的衍射信号是基底衍射信号和薄膜材料衍射信息的叠加,且衍射信号的强度与衍射体积直接相关,故谱图中大部分信息将来自薄膜样品的基底材料,薄膜材料本身的信息只占到很少一部分,因此需要使用掠入射(以极低的角度入射且在测量过程中保持入射角不变)方式,使得 X 射线在薄膜材料中经历很长光路但实际纵向深度却很小,从而达成提高薄膜材料的信息在谱图中的比例甚至谱图中完全是薄膜材料的信息的目的。所以,针对石墨烯粉体和石墨烯薄膜,需要选择不同的 X 射线衍射方式。当采用掠入射方式测量薄膜厚度时,仪器校准和测量方法需要重新建立,掠入射方法仪器校准部分参见附录 2[9]。

参考文献

［1］ 马礼敦.近代 X 射线多晶体衍射:实验技术与数据分析［M］.北京:化学工业出版社,2004.
［2］ Huh S H. Thermal reduction of graphene oxide［M］// Mikhailov S. Physics and applications of graphene-experiments. InTech,2011:73 - 90.
［3］ Dreyer D R,Murali S,Zhu Y W,et al. Reduction of graphite oxide using alcohols ［J］. Journal of Materials Chemistry,2010,21(10):3443 - 3447.
［4］ 任玲玲,高慧芳.X 射线衍射仪的 X 射线溯源［J］.计量技术,2012(8):3 - 5.
［5］ 任玲玲,崔建军.X 射线衍射仪的角度溯源［J］.计量技术,2012(3):48 - 51.
［6］ T/CSTM 00166.2—2019.
［7］ JJG 1343—2012.
［8］ JJF 1117—2010.
［9］ JJF 1613—2017.

第 5 章

原子力显微镜法测量
石墨烯材料厚度

5.1　概述

石墨烯的优异性能源于其独特的超薄二维结构，所以准确可靠地表征石墨烯结构特性参数是保障石墨烯研发乃至产业化的关键性基础要素。2004 年，A. Geim 和 K. Novoselov 第一次分离发现了石墨烯，原子力显微镜（AFM）技术作为测量方法之一证明了石墨烯的二维单层结构。在石墨烯各项结构特性参数中，原子量级的厚度是其最直观、也是决定其本征特性最重要量值。正因如此，在石墨烯 NQI 调研结果中，准确一致的石墨烯材料厚度测量方法被评为非常急需的计量技术之一[1]。AFM[2] 技术是目前最广泛应用的样品表面三维形貌表征技术，它的横向分辨率可达到 0.1 nm，纵向分辨率可达到 0.01 nm，被认为是表征石墨烯材料形貌及厚度最有力、最直接有效的方法。但是由于石墨烯材料超大的比表面积、与基底的相互作用及原子力显微镜针尖效应等，文献中报道的单层石墨烯厚度为 0.4～1.7 nm（表 5-1），与单层石墨烯理论厚度（0.34 nm）可谓千差万别。因此，为了能够判断被测对象是少层石墨烯还是石墨，迫切需要建立 AFM 准确测量石墨烯材料厚度的技术，以满足科研与产业的需求。本章主要介绍 AFM 准确测量石墨烯材料厚度所涉及的 AFM 仪器校准溯源、测量方法及通过国际比对实现量值等效一致等内容。

表 5-1　采用 AFM 技术测量石墨烯厚度文献汇总

厚度/nm	AFM 扫描方式	石墨烯材料类型	层数	基　　底	参考文献
0.4～0.9	轻敲模式	机械剥离法制备的石墨烯	1	云母	[3,4]
0.4～1.7	轻敲模式	机械剥离法制备的石墨烯	1	Si/SiO$_2$	[5]
1.8	轻敲模式	CVD 法生长的石墨烯	1	Si/SiO$_2$	[6]
1.44	轻敲模式	还原氧化石墨烯	1	HOPG	[7]
0.8～1.5	轻敲模式	还原氧化石墨烯	1	Si/SiO$_2$ (300 nm)	[8]
1.1±0.1	轻敲模式	氧化石墨烯和还原氧化石墨烯	1	HOPG	[9]
0.8～1.1	轻敲模式	氧化石墨烯	1	Si/SiO$_2$ (300 nm)	[10]
0.9～1.7	轻敲模式和接触模式	氧化石墨烯和还原氧化石墨烯	1	HOPG	[11]

厚度/nm	AFM 扫描方式	石墨烯材料类型	层数	基　　底	参考文献
0.9±0.2	轻敲模式	机械剥离法制备的石墨烯	1	Si/SiO₂	[12]
1.19±0.1	轻敲模式	机械剥离法制备的石墨烯	1	Si/SiO₂ (300 nm)	[13]
0.9	接触模式	机械剥离法制备的石墨烯	1	Si/SiO₂	[14]
0.4~1	接触模式	机械剥离法制备的石墨烯	1	Si/SiO₂	[15]
0.7	接触模式	机械剥离法制备的石墨烯	1	Si/SiO₂ (300 nm)	[16]
1	接触模式	机械剥离法制备的石墨烯	1	Si{111}	[17]
0.4	超高真空模式	机械剥离法制备的石墨烯	1	Si/SiO₂ (300 nm)	[18]

5.2　原子力显微镜技术原理

AFM 是扫描探针显微镜(Scanning Probe Microscope，SPM)家族中应用领域较为广泛的表面观察与研究工具之一,其基本构造见图 5-1。AFM 技术不仅能从原子尺度上进行成像,而且具有简单易行的制样过程和包括真空、大气和溶液在内的多样试验环境,并能对广泛的试验对象进行研究,包括导体、半导体和绝缘体等不同导电性能材料,无机物、有机高分子等化学材料,细胞、DNA 等生物样品。因此,尽管 AFM 问世时间很短,但它的应用理论与技术却得到迅猛发展,是推动材料科学、电子技术、生命科学及表面科学进步的重要研究技术之一,有着广阔的发展前景。

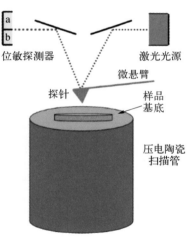

图 5-1　AFM 基本构造

AFM 的成像原理[2]是用一端固定且另一端带有探针的弹性微悬臂来检测样品表面形貌,当针尖在样品表面扫描时,针尖和样品之间的相互作用力会传感到微悬臂上,引发微悬臂形变,再由激光反射系统检测这个形变量,从而获得样品的表面形貌。针对不同类型的样品,AFM 的成像模式分为接触模式、轻敲(间歇接触)模式和非接触模式。考虑到石墨烯材料的柔性和对分辨率的要求,多选用轻敲模式来进行测量。

5.3　原子力显微镜设备校准与溯源

AFM 作为具有亚纳米级空间分辨率,能够对被测表面及近表面区域的物理特性在原子量级的水平上进行检测的一种仪器,各国计量院积极开展对其溯源性的研究,以保证 AFM 测量结果的准确性、可比性。中国计量科学研究院前沿计量科学中心纳米计量实验室在国家自然科学基金委员会的支持下,通过与德国联邦物理技术研究院的合作建立了计量型 AFM[19],将几何量溯源到光波波长(长度的 SI 基本单位),为纳米的绝对测量和纳米测量值的计量校准提供了科学依据。该计量标准设备主要技术指标的测量范围为 x 方向 70 μm,y、z 方向 15 μm;测量分辨率为 x 方向约 1.2 nm,y、z 方向 0.25 nm。为了能对计量型 AFM 三个坐标轴上的测量进行校准和绝对测量,在其上面安装了一体化激光干涉三维测量系统。微型光纤传导激光干涉三维测量系统的分辨率均为 0.1 nm,该系统可以同时测出测量工作台与扫描部件的静止部分之间在 AFM 的 x、y、z 三个移动方向的相对位移,测量不确定度为 2~3 nm。系统同时具有 $\lambda/2$ 的脉冲输出,其测量不确定度 $U_{95} = 1$ nm。校准 AFM 时,利用这一脉冲输出。系统的读数和 $\lambda/2$ 脉冲可同时输入计算机,具体溯源技术研究见参考文献[20]。

要将溯源至 SI 基本单位的 AFM 计量标准装置量值传递到终端用户,须参照 JJF 1351—2012《扫描探针显微镜校准规范》对终端用户设备进行校准来实现,从而保证量值的统一。依据此规范,利用负载着 AFM 计量标准装置准确量值的线间隔、线宽和台阶高度等标准器具实物载体对用户的 AFM 设备进行校准。依据此规范校准扫描探针显微镜 z 向漂移,x、y 轴位移测量误差,z 轴位移测量误差,扫描探针显微镜测量重复性及 x、y 坐标正交性误差五项计量特性。不同的扫描探针显微镜校准项目采用不同的标准器,具体见

表 5 - 2[21]。纳米级台阶样板的形貌图和三维图见图 5 - 2[21]，一维和二维纳米线间隔样板的形貌图见图5 - 3[21]。校准过程中引入的测量不确定度通过计量标准设备、被测量对象表面结构的质量、材料的热膨胀系数、污染程度等因素进行评定。

表 5 - 2 扫描探针显微镜校准项目及对应的标准器[21]

序号	校 准 项 目	标准器及技术要求	
		标准器具	技术要求
1	扫描探针显微镜 z 向漂移	纳米级台阶样板	$U = 4\ mm + 5 \times 10^{-5}h$, $k = 2$ h 为台阶高度
2	x、y 轴位移测量误差	纳米线间隔样板	最大允许误差：±1 nm
3	z 轴位移测量误差	纳米级台阶样板	$U = 4\ mm + 5 \times 10^{-5}h$, $k = 2$ h 为台阶高度
4	扫描探针显微镜测量重复性	纳米级台阶样板	$U = 4\ mm + 5 \times 10^{-5}h$, $k = 2$ h 为台阶高度
5	x、y 坐标正交性误差	二维纳米线间隔样板	最大允许误差：±0.1°

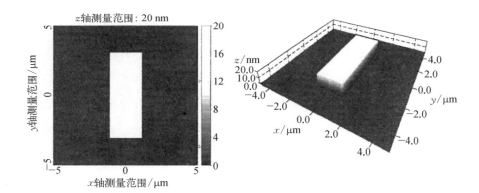

图 5 - 2 纳米级台阶样板的形貌图和三维图[21]

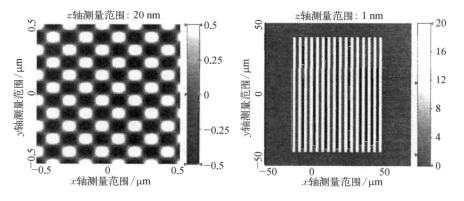

图 5 - 3 一维和二维纳米线间隔样板的形貌图[21]

需要注意的是,在校准过程中需要保证被校准的量值范围满足被测对象量值范围。目前国内尺度最小的纳米台阶标准物质样板是采用原子层沉积(Atomic Layer Deposition,ALD)技术制备的公称高度为 5 nm 的单台阶样板,也就是说所能满足的量值校准范围 z 轴最小值是 5 nm,不能满足石墨烯材料厚度(0.334～3.4 nm)的测量要求。因此在石墨烯材料厚度测量技术研究中,需要进一步将 AFM 量值校准范围下限降低到小于 1 nm 尺度。中国计量科学研究院新材料计量实验室提出利用不同量值范围标准物质所建立的校准曲线对小于 1 nm 尺度进行校准的方法:选择美国 VLSI 公司台阶、钛酸锶单原子台阶和硅{111}单原子台阶三种高度标准物质,分别对应 8.9 nm、0.39 nm 和 0.31 nm 的高度,用 AFM 对这三种标准物质分别进行测量,作校准曲线对 AFM 进行校准。通过此校准曲线对 10 nm 以下量值进行校准,校准曲线引入的测量不确定度评定公式如下:

$$u(x_0) = \frac{S}{b} \sqrt{\frac{1}{p} + \frac{1}{n} + \frac{(x_0 - \bar{x})^2}{\sum\limits_{i=1}^{n} (x_i - \bar{x})^2}} \tag{5-1}$$

式中　a——拟合直线的截距,nm;

　　　b——拟合直线的斜率,量纲为 1;

　　　S——剩余标准偏差,$S = \sqrt{\dfrac{\sum\limits_{j=1}^{n} [y_i - (a + bx_i)]^2}{n - 2}}$,nm;

　　　p——待测样品的测量次数,次;

　　　n——标准物质的测量次数,次;

　　　x_0——测量样品的测量平均值,nm;

　　　x——标准物质的测量平均值,nm;

　　　x_i——标准物质第 i 次测量的标准值,nm;

　　　$\bar{x}$——标准物质的标准值的平均值,nm;

　　　y——标准物质的测量值,nm。

5.4 测量方法建立

为得到等效一致的测量结果,需要在 AFM 设备校准的基础上确保测量方法的可操作性和普适性。如表 5-1 所示,文献中报道了 AFM 测量用基底与石墨烯材料、AFM 测量用探针与石墨烯材料之间的相互作用以及 AFM 数据分析处理方法等各种因素影响测量结果的变化。因此,本节将介绍 AFM 技术在石墨烯材料厚度测量中各参数的影响及方法的选择。

5.4.1 AFM 扫描模式的选择

利用 AFM 技术表征石墨烯材料一般采用轻敲(间歇接触)模式,轻敲(间歇接触)模式介于接触模式和非接触模式之间,包括振幅调制和外力调制两种原理。在测量过程中,AFM 测量用探针的微悬臂在石墨烯材料表面上方以固定频率振荡,针尖周期性地短暂接触或敲击样品表面。研究表明,优化的轻敲(间歇接触)模式能够有效地消除纳米材料与尖端之间的相互作用[22-24],确保扫描图像数据的可靠性。部分研究人员也尝试用接触模式表征石墨烯薄膜的厚度,从而确定石墨烯薄膜的层数,但从正向扫描和反向扫描结果中观察到高度的差异[5],分析认为这些差异正是来源于材料与尖端之间较高的侧向力。因此,当利用 AFM 技术测量石墨烯材料厚度时,建议采用轻敲(间歇接触)扫描模式。

5.4.2 AFM 测量用基底的影响

利用 AFM 技术表征石墨烯材料的实际厚度往往比石墨单原子层的理论厚度(0.34 nm)要大,一方面是由于石墨烯表面吸附物的存在,另一方面不同基底与石墨烯材料间的相互作用会对厚度产生影响。石墨烯在悬浮时或大多数支撑物上都会形成涟漪状波纹,是石墨烯在维持其热力学稳定性时造成的。然而 Lui[25]

等研究人员发现在特定条件下将石墨烯沉积在云母表面时，通过高分辨率 AFM 观察到此时石墨烯的表观高度变化小于 25 pm（图 5-4），表明石墨烯用于自身稳定的固有波纹受到了抑制，展现出超平石墨烯的状态。我们在实验过程中也发现并证明了这一点，因此 AFM 技术测量石墨烯材料厚度时建议采用新解离云母作为基底。

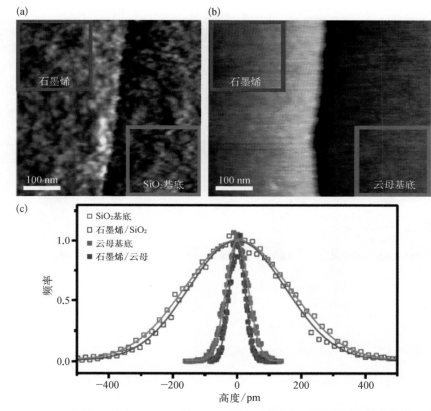

（a）石墨烯在 SO₂ 基底上的 AFM 高度图；（b）石墨烯在云母基底上的 AFM 高度图；（c）石墨烯在云母基底、空白云母基底、石墨烯在 SiO₂ 基底及空白 SiO₂ 基底（从里到外）对应的高度直方图

5.4.3　AFM 测量参数的影响

　　AFM 测量参数的设置对材料厚度测量结果尤为重要，它决定了 AFM 测量

用探针与石墨烯材料之间的相互作用、图像扫描反馈精度，从而影响扫描图像的真实准确性。Shearer[23]等研究人员利用商品化探针和碳纳米管修饰的 AFM 探针结合峰值力轻敲扫描模式对石墨烯薄膜的厚度开展研究。研究发现，石墨烯与基底间吸附层和成像力，特别是石墨烯尖端所施加的压力大小，是精确测量石墨烯厚度的关键因素（图 5-5），可有效地将石墨烯与基底高度差值的测量误差从 0.1～1.3 nm 降低到 0.1～0.3 nm。

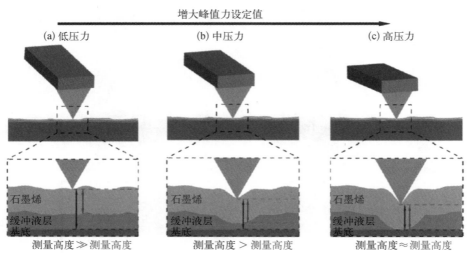

图 5-5　峰值力设定值与 AFM 成像精度的机理示意图[23]

注：当施加的压力从低（a）到中（b）再到高（c）时，AFM 针尖下压力能够破坏底层缓冲液层，从而测量出更准确的石墨烯高度值。

除此之外，研究人员还发现在振幅调制模式下，振幅设定值和驱动振幅对石墨烯材料厚度结果准确性起到至关重要的作用，过大或者过小的振幅参数可以导致高达 2 nm 的厚度偏差。我们通过对探针与石墨烯材料间相互作用、图像扫描反馈精度等参数进行研究，针对所用探针与设备，确定振幅设定值为 100～120 mV，驱动振幅设定为 80～140 mV[26]。

5.4.4　AFM 数据分析处理的方法

对于厚度不到 1 nm 的石墨烯材料来说，任何污染物或是外界噪声等因素引入的偏离值将对厚度测量的准确性造成极大的影响。通常对于 AFM 数据处理采用的台阶高度差值计算薄膜厚度方法，上下台阶中心线的选择极为重要。然而，从图 5-6(d) 中可以看出，AA 和 AB 两个台阶噪声信号的量值大于本身台阶高度的量值（AB 台阶噪声较小，也达到 2.6 nm，大于台阶高度 1.52 nm），因此准确地确定基底与样品扫描数据对应的台阶高度量值就极为关键。中国计量科学研究院新材料计量实验室研究人员 Yao 等[26]通过概率分布统计方法，对 1 nm 量值范围 AFM 技术测量台阶基线的数据进行了分析，并对转移到硅片（Si）基底 CVD 法生长的多层石墨烯薄膜的厚度与层数进行了测量。实验采用概率分布统计方法确定石墨烯材料与基底之间的高度差来确定石墨烯材料的厚度，统计计算得到的单层（1L）石墨烯薄膜与基底间的厚度为（1.51±0.16）nm，远远大于单层石墨烯的理论厚度（图 5-6），可能是石墨烯薄膜与基底间的范德瓦耳斯力作用加上转移过程引入的污染造成的。同理，研究了 CVD 法直接生长多层石墨

图 5-6　单层（1L）石墨烯薄膜的 AFM 测量结果[26]

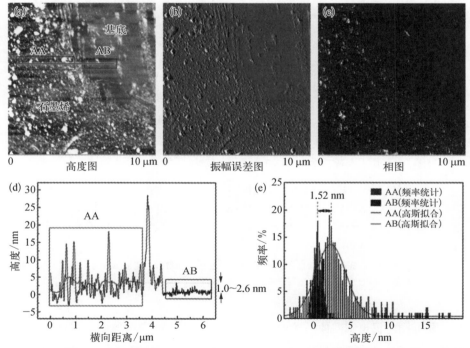

（a）高度图；（b）振幅误差图；（c）相图；（d）图（a）中红线对应的高度剖面图；（e）石墨烯（AA 区域）与基底（AB 区域）的高度直方图

烯薄膜的厚度,分析了两层(2L)和四层(4L)石墨烯薄膜与基底间的厚度,结果分别为(1.92±0.13)nm(图5-7)和(2.73±0.10)nm(图5-8)。考虑到转移过程并不会在石墨烯薄膜层与层之间引入污染,因此提出了利用差减法公式来计算四层石墨烯薄膜的单层膜厚度,即厚度(单层膜)=[厚度(4L)-厚度(1L)]/(4-1)。经计算,四层石墨烯薄膜的单层膜厚度为[(2.73-1.51)/3±(0.16+0.10)/3]nm=(0.41±0.09)nm,和单层石墨烯的理论厚度(0.334 nm)基本吻合。由此证明了概率分布统计方法可以排除人为因素对台阶基线确立引入的随机误差,能够有效地分析石墨烯材料 1 nm 量值范围台阶基线数据,得到准确的薄膜厚度。

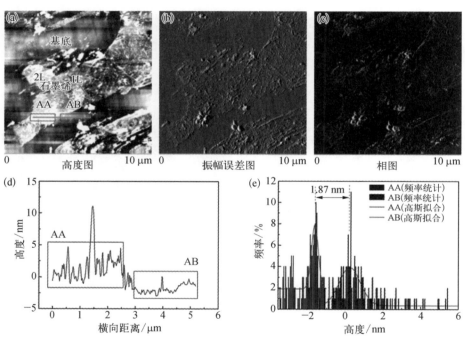

图5-7 两层(2L)石墨烯薄膜的 AFM 测量结果[26]

(a)高度图;(b)振幅误差图;(c)相图;(d)图(a)中红线对应的高度剖面图;(e)石墨烯(AA区域)与基底(AB区域)的高度直方图

　　研究同时提出了图像平滑处理参数对测量结果准确性的影响,过度的图像矫正会导致结果的严重偏差(表5-3)。因此,建议 AFM 技术测量石墨烯材料厚度的数据处理方式采用概率分布统计方法,图像平滑处理参数为 1 阶或 2 阶。

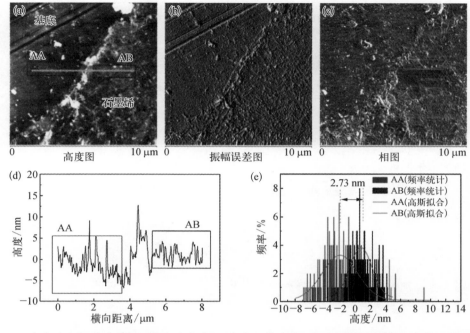

图 5-8 四层（4L）石墨烯薄膜的 AFM 测量结果[26]

（a）高度图；（b）振幅误差图；（c）相图；（d）图（a）中红线对应的高度剖面图；（e）石墨烯（AA 区域）与基底（AB 区域）的高度直方图

表 5-3 不同的图像平滑处理参数与对应得到的单层石墨烯厚度结果[26]

图像平滑处理参数	高度差/nm
0 阶	4.01
1 阶	1.63
2 阶	1.52
3 阶	− 0.32

5.4.5　不确定度评定

测量结果的不确定度主要包括 A 类不确定度、B 类不确定度和样品均匀性引入的不确定度。

（1）A 类不确定度

A 类不确定度包括通过试验方法引入的不确定度，如测量方法引入的不确定度。测量方法（重复性）引入的不确定度 u_1 是对同一个样品多次重复测量，其测量结果的标准偏差。

（2）B 类不确定度

B 类不确定度主要是仪器校准引入的不确定度，主要包括标准物质（校准样品）引入的不确定度 u_2 及 5.3 节中校准曲线引入的不确定度 u_3。

（3）样品均匀性引入的不确定度

样品均匀性引入的不确定度 u_4 是按取样原则对样品不同位置取样测量，其测量结果的标准偏差。

因为各不确定度分量均不相关，按方和根形式合成得到测量结果的合成不确定度 u_c，即

$$u_c = \sqrt{u_1^2 + u_2^2 + u_3^2 + u_4^2} \qquad (5-2)$$

对于正态分布，置信水平为 95% 时，对应的 $k = 2$，则扩展不确定度 U 为

$$U = ku_c = 2 \times u_c \qquad (5-3)$$

5.5　计量比对

计量比对是一个计量术语，有严格的程序要求。比对不仅可以用于标准测量方法建立时对方法普适性和可操作性的验证，而且可以用于方法建立后对实验室测量能力的考核、评价，同样可以用于国内外计量标准器（标准设备或标准物质）量值等效一致的验证、评价。中国计量科学研究院新材料计量实验室主导了氧化石墨烯厚度 AFM 测量的国际和国内两个比对，比对样品和比对方案一致。国内比对的目的是为了验证 5.4 节所建立方法的普适性和可操作性，国际比对是为了评价云母基底上氧化石墨烯厚度量值的等效一致性。

5.5.1　比对样品的选取

根据 JJF 1117—2010《计量比对》，主导实验室在比对前期准备时，首先按照

相关要求对比对样品的稳定性、均匀性、影响量、运输特性等进行相关实验考查研究。

由于石墨烯及其相关材料种类丰富，目前还没有厚度相关标准物质发布，因此需要从众多样品中进行选择，得到满足比对要求的参考样品作为比对样品。主导实验室对国内外石墨烯生产企业各类石墨烯材料，包括在硅/二氧化硅（Si/SiO₂）基底上的多层石墨烯薄膜材料、还原氧化石墨烯粉体材料、还原氧化石墨烯浆料材料、氧化石墨烯粉体材料及氧化石墨烯浆料材料等，在不同基底包括Si/SiO₂基底、Si基底及云母基底上的厚度这一参数进行了测量，通过均匀性检验确定氧化石墨烯材料铺展在新解离云母基底上的样品为比对样品。

比对样品的厚度仅为 1 nm 左右，任何不当操作都可能影响量值的准确性，因此主导实验室开展了所选择比对样品储存、包装的研究，最终确定了采用真空包装、室

图 5-9　包装好的比对样品

温保存，从而满足比对样品在邮寄到国内外实验室过程中不被损伤及污染（图 5-9）。在上述研究过程中，为了确定最终发出的比对样品均匀、稳定，在得到英国国家物理实验室（NPL）的大力配合和帮助下，共同开展了双边比对试验，结果显示等效、一致，进一步确定比对样品可靠。

5.5.2　国内比对

为了确保建立的测量方法的可操作性、普适性和测量结果的可比性，需要对建立的测量方法进行计量比对。本小节介绍由中国计量科学研究院新材料计量实验室主导开展的"氧化石墨烯片层材料厚度测量　原子力显微镜法"的国内比对，并重点讲解计量比对的关键因素。

中国计量科学研究院材料计量实验室作为主导实验室，筛选出符合均匀性、稳定性要求的比对样品（图 5-9）提供给参加比对实验室；依据科学研究提供比

对方案,包括仪器校准方法、标准物质、测量方法、数据分析的所有内容(相关内容见 5.3 节和 5.4 节);召集具有同等水平的 11 家实验室开展计量比对试验;对收集到的各实验室结果进行数据分析、选择参考值和不确定度评定,最终给出测量结果离散性的评价。比对方案和测量样品由主导实验室统一分发,样品分发采用星形传递方式(图 5-10,具体方法及要求参见 JJF 1117—2010《计量比对》)。

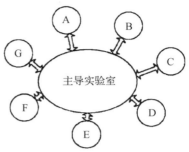

图 5-10 星形式比对方式的示意图

比对参加单位按照要求将测量数据发回主导实验室,由主导实验室对比对数据进行处理,包括比对资料的检查、数据的修正与统计、参考值的确定、对参比实验室比对结果的处理与评价、异常或可疑结果的确认、数据的保存、数据的保密以及比对总结报告的起草和修改等。各比对参加单位评价结果如图 5-11 所示,以中国计量科学研究院测量结果为中心值,采用 E_n 值统计方法对测量结果离散性进行评价。根据 ISO 13528:2015《利用实验室间比对进行能力验证的统计方法》及 JJF 1117—2010《计量比对》,某一参比实验室的测量结果与其不确定度的一致性用归一化偏差 E_n 评价:

$$E_n = \frac{Y_{ji} - Y_{ri}}{ku_i} \tag{5-4}$$

式中 k——覆盖因子,一般情况 $k = 2$;

u_i——第 i 个测量点上 $Y_{ji} - Y_{ri}$ 的标准不确定度。

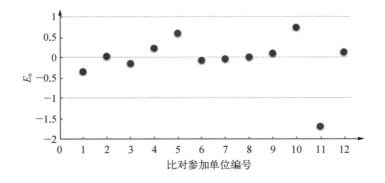

图 5-11 各比对参加单位评价结果

石墨烯材料质量技术基础:计量

当 u_{ri}、u_{ji} 与 u_{ei} 相互无关或相关较弱时，

$$u_i = \sqrt{u_{ri}^2 + u_{ji}^2 + u_{ei}^2} \qquad (5-5)$$

式中　u_{ri}——第 i 个测量点上参考值的标准不确定度；

$\quad\quad$ u_{ji}——第 j 个实验室在第 i 个测量点上测量结果的标准不确定度；

$\quad\quad$ u_{ei}——传递标准在第 i 个测量点上在比对期间的不稳定性对测量结果的影响。

比对结果一致性的评判原则如下。

若 $|E_n| \leqslant 1$，参比实验室的测量结果与参考值之差在合理的预期之内，比对结果可接受。

若 $|E_n| > 1$，参比实验室的测量结果与参考值之差没有达到合理的预期，应分析原因。

从图 5-11 和表 5-4 中可以看出，在 12 家测量结果中，11 家测量结果的 $|E_n| \leqslant 1$，所以这 11 家比对结果数据均为合格且离散性很小。另外，有 1 家测量结果离散性大，通过了解，其主要原因是操作人员统计结果错误。

表 5-4　提交的数据及分析的扩展不确定度

比对参加单位编号	氧化石墨烯片层厚度		扩展不确定度（$k=2$）
	平均值/nm	标准偏差/nm	
1	0.89	0.15	0.31
2	1.05	0.12	0.25
3	0.96	0.22	0.45
4	1.10	0.02	0.13
5	1.25	0.20	0.41
6	1.01	0.02	0.05
7	1.02	0.14	0.28
8	1.04	0.11	0.24
9	1.11	0.30	0.61
10	1.50	0.27	0.56
11	0.52	0.02	0.11
12	1.15	0.36	0.72

5.5.3 国际比对

中国计量科学研究院新材料计量实验室在 VAMAS/TWA41 技术工作组下主导开展了"氧化石墨烯片层厚度测量 原子力显微镜法"的国际比对,召集更多具有同等资质的各国计量院参加比对,本次比对包括中国计量科学研究院共有 12 家计量院实验室参加,参比单位信息见表 5-5。比对样品及比对方案同国内比对,比对的目的是验证比对样品国际量值的等效一致性。氧化石墨烯片层厚度比对结果见图5-12。

国家或地区	机 构 名 称
中 国	中国计量科学研究院(NIM)
英 国	英国国家物理实验室(NPL)
法 国	法国国家计量测量实验室(LNE)
加拿大	加拿大国家研究理事会(NRC)
意大利	意大利布鲁诺・基斯勒基金会(CMM-MNF)
澳大利亚	澳大利亚国家计量院(NMIA)
巴 西	巴西国家工业计量、标准化和质量局(INMETRO)
丹 麦	丹麦国家计量院(DFM)
中国台湾	台湾工业技术研究院(ITRI)
澳大利亚	斯威本科技大学 墨尔本大学
泰 国	泰国国家计量院(NIMT)

表 5-5 中国计量科学研究院新材料计量实验室主导的国际实验室间比对参加单位信息

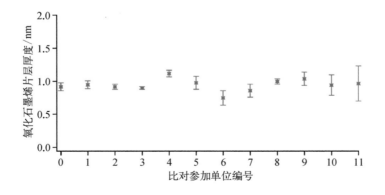

图 5-12 国际参比实验室测得厚度及标准偏差结果

从图 5-12 中可以看出,参加比对实验室测得样品的厚度与标准偏差在合理的预期之内,说明比对实验室提供的氧化石墨烯样品厚度结果等效性良好,进一步证明了该方法的可靠性和可操作性。由于比对结果等效一致,基于该比对的试验方案已获得国际标准化组织 ISO 认可,提案国际标准"ISO/PWI 23879《纳米技术——氧化石墨烯片层结构表征:AFM 法和 SEM 法测量片层厚度和横向尺寸》"。

另外,基于国内和国际计量比对结果,也验证了云母基底上氧化石墨烯样品满足标准物质均匀性、稳定性的要求,正在申报国家标准物质。该标准物质的研制正好可以填补 1 nm 左右 z 轴位移量值标准物质的空白,具有重要的科学意义和很高的实用价值。

5.6　测量方法标准化

通过 5.3 节到 5.5 节从设备校准到制样、取样、测量条件研究,以及通过计量比对验证测量结果等效一致,验证了测量方法的可靠性、可操作性和适用性,适用于科研及产业推广应用。因此依据 GB/T 1.1—2009《标准化工作导则　第 1 部分:标准的结构和编写》和 T/CSTM 00002—2019《测量方法标准编制通则》给出的规则,中关村材料试验技术联盟(CSTM)起草并发布了团体标准 T/CSTM 00003—2019《二维材料厚度测量　原子力显微镜法》,为石墨烯材料厚度测量及检测提供统一的测量依据。

该标准规定了二维材料厚度测量原理、仪器设备要求、样品前处理、测量方法、厚度计算方法、测量结果的不确定度评定及测量报告等内容,对原子力显微镜探针的选择、振动环境要求及湿度环境要求、仪器校准、成像模式、测量位置的选择及测量步骤、图像平滑、数据选取及数据处理的相关参数与要求等均进行了统一规范,并提供了氧化石墨烯厚度测量案例作为参考。该标准已经作为石墨烯粉体材料判定标准之一,与第三方认证机构合作开展石墨烯粉体材料产品检测、验证工作。该标准为测量结果可靠、可比,消除产品贸易的技术壁垒提供了技术依据,有效推动了国家质量基础设施(NQI)技术要素在石墨烯产业领域的全链条实施,促进了石墨烯粉体材料行业的规范、健康发展。

5.7　小结

本章内容详细介绍了基于原子力显微镜技术的石墨烯材料厚度计量技术研究及其成果标准化。通过详细讲解石墨烯材料厚度测量所涉及的原子力显微镜测量量程范围(小于 1 nm)内的校准和测量方法的建立、验证及应用,展现了石墨烯材料厚度计量技术的研究思路及成果应用,希望对今后此类研究工作的开展起到借鉴作用。

参考文献

［1］　任玲玲,卜天佳,唐琪雯,等.石墨烯 NQI 技术调研[J].中国计量,2018(2): 101‐104.

［2］　Binnig G, Quate, C F, Gerber C, et al. Atomic force microscope[J]. Physical Review Letters, 1986, 56(9): 930‐933.

［3］　Cao P G. Surface chemistry at the nanometer scale[D]. California: California Institute of Technology, 2011.

［4］　Xu K, Cao P G, Heath J R. Graphene visualizes the first water adlayers on mica at ambient conditions[J]. Science, 2010, 329(5996): 1188‐1191.

［5］　Nemes-Incze P, Osváth Z, Kamarás K, et al. Anomalies in thickness measurements of graphene and few layer graphite crystals by tapping mode atomic force microscopy[J]. Carbon, 2008, 46(11): 1435‐1442.

［6］　Jung W, Park J, Yoon T, et al. Prevention of water permeation by strong adhesion between graphene and SiO₂ substrate[J]. Small, 2014, 10(9): 1704‐1711.

［7］　Giusca C E, Panchal V, Munz M, et al. Water affinity to epitaxial graphene: The impact of layer thickness [J]. Advanced Materials Interfaces, 2015, 2 (16): 1500252.

［8］　Eigler S, Hof F, Enzelberger-Heim M, et al. Statistical Raman microscopy and atomic force microscopy on heterogeneous graphene obtained after reduction of graphene oxide[J]. The Journal of Physical Chemistry C, 2014, 118(14): 7698 - 7704.

[9] Paredes J I, Villar-Rodil S, Solís-Fernández P, et al. Atomic force and scanning tunneling microscopy imaging of graphene nanosheets derived from graphite oxide [J]. Langmuir, 2009, 25(10): 5957 - 5968.

[10] Jalili R, Aboutalebi S H, Esrafilzadeh D, et al. Organic solvent-based graphene oxide liquid crystals: A facile route toward the next generation of self-assembled layer-by-layer multifunctional 3D architectures[J]. ACS Nano, 2013, 7(5): 3981 - 3990.

[11] Solís-Fernández P, Paredes J I, Villar-Rodil S, et al. Determining the thickness of chemically modified graphenes by scanning probe microscopy[J]. Carbon, 2010, 48(9): 2657 - 2660.

[12] Schmidt U, Dieing T, Ibach W, et al. A confocal Raman-AFM study of graphene [J]. Microscopy Today, 2011, 19(6): 30 - 33.

[13] Nagisa H, Makoto T, Masaru T. Effect of laser irradiation on few-layer graphene in air probed by Raman spectroscopy[J]. Transactions of the Materials Research Society of Japan, 2013, 38(4): 579 - 583.

[14] Novoselov K S, Jiang D, Schedin F, et al. Two-dimensional atomic crystals[J]. Proceedings of the National Academy of Sciences of the United States of America, 2005, 102(30): 10451 - 10453.

[15] Novoselov K S, Geim A K, Morozov S V, et al. Electric field effect in atomically thin carbon films[J]. Science, 2004, 306(5696): 666 - 669.

[16] Obraztsova E A, Osadchy A V, Obraztsova E D, et al. Statistical analysis of atomic force microscopy and Raman spectroscopy data for estimation of graphene layer numbers[J]. Physica Status Solidi (b), 2008, 245(10): 2055 - 2059.

[17] Ochedowski O, Begall G, Scheuschner N, et al. Graphene on Si(111)7 × 7[J]. Nanotechnology, 2012, 23(40): 405708.

[18] Ishigami M, Chen J H, Cullen W G, et al. Atomic structure of graphene on SiO_2 [J]. Nano Letters, 2007, 7(6): 1643 - 1648.

[19] Bienias M, Hasche K, Seemann R, et al. 计量型原子力显微镜[J].计量学报, 1998, 19(1): 1 - 8.

[20] 高思田. 计量型原子力显微镜的研究[D]. 天津: 天津大学, 2007.

[21] JJF 1351—2012.

[22] Mechler Á, Kokavecz J, Heszler P, et al. Surface energy maps of nanostructures: Atomic force microscopy and numerical simulation study[J]. Applied Physics Letters, 2003, 82(21): 3740 - 3742.

[23] Shearer C J, Slattery A D, Stapleton A J, et al. Accurate thickness measurement of graphene[J]. Nanotechnology, 2016, 27(12): 125704.

[24] Blake P, Hill E W, Neto A H C, et al. Making graphene visible[J]. Applied

Physics Letters, 2007, 91(6): 063124.

[25] Lui C H, Liu L, Mak K F, et al. Ultraflat graphene[J]. Nature, 2009, 462 (7271): 339 - 341.

[26] Yao Y X, Ren L L, Gao S T, et al. Histogram method for reliable thickness measurements of graphene films using atomic force microscopy (AFM)[J]. Journal of Materials Science & Technology, 2017, 33(8): 815 - 820.

石墨烯材料电子
显微镜计量技术

石墨烯具有非常完整的晶体结构和极高的稳定性,具有优异的电学、力学、光学、热学性能及超高的比表面积等特点,在电子器件、传感器、储能材料等领域显示出巨大的应用潜力。随着研究的不断深入,石墨烯微观形貌、层数、层间距、原子结构和缺陷等研究变得越来越重要。电子显微镜技术包括扫描电子显微镜(SEM,简称扫描电镜)和透射电子显微镜(TEM,简称透射电镜),是表征材料形貌、结构和成分的重要手段之一。电子显微镜不仅可用于获取石墨烯的形貌像、衍射谱、高分辨晶格像和原子像,还可用于准确测量石墨烯层数和层间距等,是石墨烯材料科学研究及定性判断的一种非常重要的手段。但在实际应用中,无论是扫描电镜还是透射电镜,在各自适用的量值范围内存在量值测量偏差。比如扫描电镜在使用过程中受灯丝寿命、电压稳定性和电流稳定性等因素的影响,其放大倍率会随着电镜使用时间的延长而产生偏差[1]。扫描电镜图像的质量受扫描电子路径的影响,易出现图像放大倍率偏差,水平、垂直方向图像畸变及尺寸测量不准确等问题[2]。图6-1是10台扫描电镜测量一维栅格标准物质的结果。从图中可以看出,不同实验室的测量结果存在很大的差异,最大偏差达到

图6-1　10台扫描电镜测量一维栅格标准物质的结果

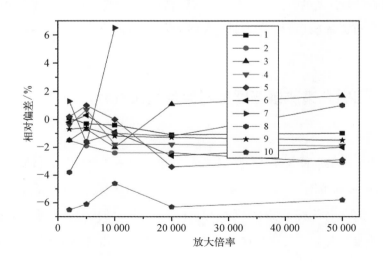

11.1%[3]。同样,透射电镜的测量结果也受到使用过程中灯丝寿命、加速电压、电流稳定性、磁场稳定性、样品质量等因素的影响,其放大倍率会随着工作时间的变化而产生偏差。图6-2是9台透射电镜在高放大倍率下测量单晶硅样品{220}晶面间距的结果。从图中可见,不同的透射电镜对同一样品的测量结果存在较大差异,最大偏差为8.81%。由此可见,不同扫描电镜和透射电镜的测量结果均存在较大差异,使各实验室测量结果不一致。石墨烯材料片层尺寸、层数及晶面间距计量技术就是为了使测量结果具有一致性、可比性而开展的研究。

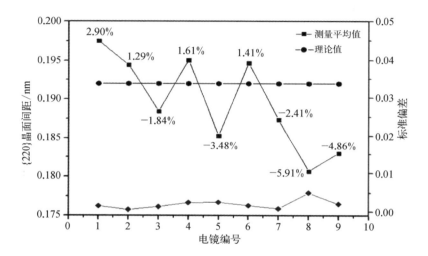

图6-2 9台透射电镜在高放大倍率下测量单晶硅样品{220}晶面间距的结果

根据材料计量的含义和范畴,石墨烯材料的电子显微镜计量技术包括电镜校准溯源和测量方法应用,本章将对这两个方面进行详细介绍。

6.1 扫描电镜测量石墨烯材料片层尺寸和覆盖度

扫描电镜是一种表征材料形貌、结构和成分的多功能设备。扫描电镜具有分辨率高、放大范围广、样品制备过程简单、景深大等优点,被广泛应用于新材料、半导体、微电子及生命科学等领域,在形貌表征、结构测量和成分分析方面发挥着非常重要的作用。扫描电镜可以直接测量石墨烯的晶粒形貌、晶粒尺寸、覆盖范围、成核密度和生长速率信息。扫描电镜通常配有多种检测器,如电子能量损失分析探头,可以对石墨烯的化学成分进行分析。有些扫描电镜还配有电子背散射衍射检测器,可以用于测定基底的晶体取向,进而研究石墨烯的晶粒形状与基底晶体取向之间的关系。扫描电镜的工作原理是使用会聚电子束扫描样品表面,电子束与样品相互作用后产生二次电子、背散射电子、俄歇电子和特征 X 射线等,收集这些电子或射线,可以获得样品表面的形貌、结构和成分信息。扫描电镜的空间分辨率由电子束直径和电子束与样品相互作用的体积决定,目前,很多场发射扫描电镜的空间分辨率能达到 1 nm 左右。扫描电镜作为一种非常重要的微纳尺寸测量手段,被广泛应用在科学研究和实际生产。因此,为了保证扫描电镜测量结果的准确可靠,首先需要对扫描电镜进行周期性的校准溯源,确保其尺寸测量值溯源至国际单位制(SI)中米的定义。

6.1.1　扫描电镜溯源及校准

使用扫描电镜对石墨烯材料片层尺寸进行测量,首先要确保扫描电镜图像标尺准确,因此需要对扫描电镜进行校准。扫描电镜校准的前提是研究扫描电镜溯源技术,建立扫描电镜测量量值的溯源路径,制定扫描电镜校准规范,为终端用户提供检定或校准服务。图 6-3 是扫描电镜的溯源路径。从图中可以看出,采用溯源至 SI 中米定义的纳米几何结构标准装置([2007]国社量标计证字第 040 号)对有证标准物质进行定值,有证标准物质是准确量值传递的载体。通过有证标准物质,依据校准规范对扫描电镜的特性参数进行校准,并评定校准结果的不确定度,将溯源至 SI 基本单位的准确量值传递给终端用户。因此,先介绍扫描电镜相关的标准物质。

图 6-3　扫描电镜的溯源路径

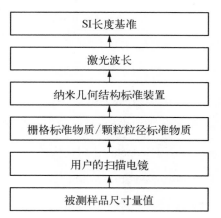

SI长度基准

↑

激光波长

↑

纳米几何结构标准装置

↑

栅格标准物质/颗粒粒径标准物质

↑

用户的扫描电镜

↑

被测样品尺寸量值

1. 标准物质

扫描电镜校准需要使用有证标准物质。我国研制了一系列扫描电镜放大倍率校准、污染率或漂移率校准用标准物质,国家标准物质资源共享平台网站(https://www.ncrm.org.cn)给出了我国现有的有证标准物质信息。以扫描电镜放大倍率校准用标准物质为例,主要有一维和二维栅格、线宽和线间距样板、聚苯乙烯球、金颗粒等。表6-1列出我国研制的一些扫描电镜放大倍率校准用标准物质,图6-4是国内外研制的一些扫描电镜校准用标准物质的图像。在进行扫描电镜放大倍率校准时,可根据待测量值范围选择标称值相当的标准物质开展校准工作。

名　称	编　号	标准值/nm	研制单位
纳米级金颗粒 粒径标准物质	GBW(E)120126	22.6	国家纳米 科学中心
	GBW(E)120127	43.7	
	GBW(E)120150	11.8	
聚苯乙烯微球 粒径标准物质	GBW12009	855	中国石油大学
	GBW12010	333	
	GBW(E)120062	582	
	GBW(E)120063	299	
扫描探针显微镜和扫描电子显 微镜用一维纳米栅格标准物质	GBW13956	400.5	中国科学院 物理研究所

表6-1 我国研制的一些扫描电镜放大倍率校准用标准物质

国外也研制了很多扫描电镜校准用标准物质。美国国家标准与技术研究院(NIST)研制了聚苯乙烯球[SRM 1964,图6-4(e)]、单晶硅二维栅格[RM 8820,图6-4(d)]、金颗粒(RM 8011)等,德国联邦物理技术研究院(PTB)研制了二氧化硅薄膜厚度标准物质(IMS-HR 94 175-04),英国国家物理实验室(NPL)研制了的金属光栅标准物质,俄罗斯GOST-R认证中心研制了金属周期条纹结构标准物质(CRM 6261-91)。此外,一些商业公司也研制、销售扫描电镜校准样品。英国Agar科学公司销售方格标准样品(2 160线/毫米),美国Tedpella公司销售碳复型平行、网状格栅及单晶硅网状格栅(10 μm),美国Advanced Surface Microscopy公司销售一维纳米线间隔样板,美国Geller公司销售MRS-4系列多功能标样等。

石墨烯材料质量技术基础:计量

图 6-4 国内外研制的一些扫描电镜校准用标准物质的图像

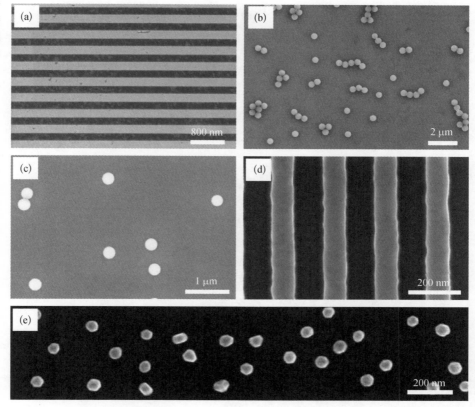

（a）国产一维纳米栅格标准物质（GBW13956，标准值为 400.5 nm）；（b，c）国产聚苯乙烯微球粒径标准物质[GBW（E）120062 和 GBW（E）120063，标准值分别为 582 nm 和 299 nm]；（d）美国 NIST 研制的单晶硅二维栅格线间距标准物质（RM8820，标准值为 200 nm）；（e）美国 NIST 研制的聚苯乙烯微球粒径标准物质（SRM 1964，标准值为 60 nm）

2. 扫描电镜的校准

1997 年，中华人民共和国国家教育委员会发布了 JJG 010—1996《分析型扫描电子显微镜检定规程》。该规程对分析型扫描电镜进行了明确分类，规定了扫描电镜放大倍率示值误差、放大倍率示值重复性和二次电子图像分辨率的检定要求，增加了扫描电镜重要附件——X 射线能谱仪的技术指标和检定方法。虽然该规程提出了比较科学、有效地评价扫描电镜计量性能的重要指标，但该规程的发布和实施已经超过二十年，当时我国还没有研制出相关的有证标准物质，导致该扫描电镜检定规程不能被有效实施。随着科技的不断进步和电子显微技术的飞速发展,2011 年,中华人民共和国国家质量监督检验检疫总局发布了 GB/T 27788—2011《微束分析—扫描电镜—图像放大倍率校准导则》。该导则只规定了扫描电镜校准计量最重要的参数——放大倍率的校准,对图像线性失真度、样品污染率和样品漂移率等特性参数没有校准。中国计量科学研究院研制了计量型扫描电镜,在此基础上,制定了《扫描电子显微镜校准规范》(报批稿)。下面介绍扫描电镜的校准特性量和校准方法,校准的主要计量特性及对有证标准物质的要求如表 6-2 所示。

表 6-2 扫描电镜校准的主要计量特性及对有证标准物质的要求

计 量 特 性	放大倍率（M）	标准物质扩展不确定度（k = 2）
放大倍率示值误差	70 000＜M≤200 000	不超过 5%
	10 000＜M≤70 000	不超过 6%
	M≤10 000	不超过 8%
放大倍率示值重复性	10 000≤M≤70 000	不超过 6%
图像线性失真度	500≤M≤2 000	不超过 6%
样品污染率	10 000≤M≤70 000	不超过 6%
样品漂移率	10 000≤M≤70 000	不超过 6%

（1）放大倍率校准

放大倍率是扫描电镜示值准确性的代表参数,因此需要对放大倍率进行校准。扫描电镜的放大倍率是指物体放大像大小与物体实际大小的比值。放大倍率 M 由式(6-1)给出:

$$M = \frac{L_{image}}{L_{ture}} \qquad (6-1)$$

式中,L_{image} 是有证标准物质被扫描电镜放大成像后,在胶卷、照片或 CCD 相机成像屏上栅格间距的测量值;L_{ture} 是有证标准物质的标准值。

现在的扫描电镜均配有大尺寸、高分辨率的 CCD 相机,测量结果都以电子图像输出保存,图像中的标尺是关联标准物质实物与标准物质图像,并计算图像放大倍率的唯一显示值。因此,校准扫描电镜的放大倍率实质上就是校准电子图像在该放大倍率时所对应的标尺。

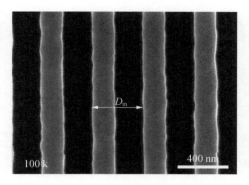

图6-5 国产一维纳米栅格标准物质（GBW13956）的扫描电镜图像

以国产一维纳米栅格标准物质（GBW13956）为例,拍摄一幅带有标尺的标准物质的扫描电镜图像（图6-5）。在该电子图像中,右下角400 nm标尺是由若干像素点组成的特征长度,而栅格间距 D_m 也是由若干像素点组成的特征长度,两者的单位像素尺寸相等。因此,电子图像中标尺的校准是通过单位栅格间距的标准值除以单位栅格间距的实际测量值获得的。使用电镜自带软件或ImageJ软件可以测量出标准物质中单位栅格间距的测量值,根据式（6-2）和式（6-3）计算标尺的示值误差和校准系数,也就是放大倍率的示值误差和校准系数。

$$\Delta_s = \frac{D_m - D_c}{D_c} \tag{6-2}$$

$$\eta = \frac{D_c}{D_m} \tag{6-3}$$

式中,Δ_s 是标尺的示值误差;η 是标尺的校准系数;D_m 是标准物质中单位栅格间距的测量值;D_c 是标准物质中单位栅格间距的标准值。

（2）放大倍率示值重复性

为了检测仪器的稳定性,要对示值重复性进行校准。根据扫描电镜的实际使用情况,选取合适的标准物质并在合适的放大倍率下,按正常的操作程序拍摄标准物质的第1张图像,改变电子束的加速电压,5 min后恢复到第1张照片时的设置,拍摄标准物质的第2张图像,重复上述操作,在45 min内共拍摄10张图像。利用ImageJ软件对获得的标准物质电子图像进行分析,分别计算10张图像上标准物质特征尺寸包含的像素数及像素数平均值,利用像素数代替特征尺寸的实际测量值计算放大倍率示值重复性,放大倍率示值重复性 g 的计算公式为

$$g = \frac{3\sigma}{\overline{P}} = \frac{3 \times \sqrt{\dfrac{\sum\limits_{i=1}^{n}(P_i - \overline{P})^2}{n}}}{\overline{P}} \qquad (6-4)$$

式中，P_i 为第 i 张图像中标准物质特征尺寸包含的像素数（$i = 1$，2，3，…，10）；$\overline{P}$ 为标准物质特征尺寸包含的像素数平均值；n 为电子图像数量（$n = 10$）；σ 为像素数的总体标准偏差。如图 6-6 所示，选用标准物质的单位栅格间距作为考查对象，在 2 万倍放大倍率下依次拍摄 10 张电子照片，用 ImageJ 软件分别对栅格间距包含的像素数 P 进行测量，结果见表 6-3。根据式（6-4）计算得到 2 万倍放大倍率时，扫描电镜放大倍率示值重复性为 2.89%。

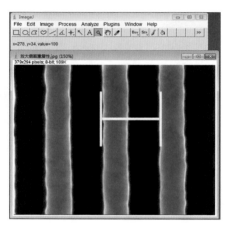

图 6-6　ImageJ 软件和标准物质像素数计算扫描电镜放大倍率示值重复性图

表 6-3　利用像素数计算扫描电镜放大倍率示值重复性

栅格间距包含的像素数	电子图像序号										$\overline{P}$	3σ	g
	1	2	3	4	5	6	7	8	9	10			
P_i	108	107	106	108	109	107	107	106	108	106	107.2	3.1	2.89%

（3）图像线性失真度

扫描电镜在低放大倍率时图像畸变非常严重，因此需要针对实际使用情况，在仪器常用的低放大倍率范围内校准图像线性失真度。把聚苯乙烯球标准物质放置于显示屏的中心和四角，共拍摄 5 张电子图像，利用 ImageJ 软件分别对 5 张图像中聚苯乙烯球直径在 x、y 两个方向上包含的像素数进行测量，再通过式（6-5）和式（6-6）计算图像线性失真度。x 方向图像线性失真度为 Δ_x，y 方向图像线性失真度为 Δ_y，有

$$\Delta_x = \frac{\Delta P_{x,\max}}{P_{x0}} \times 100\% \qquad (6-5)$$

$$\Delta_y = \frac{\Delta p_{y,\,\mathrm{max}}}{P_{y0}} \times 100\% \tag{6-6}$$

式中，P_{x0} 为中心位置处 x 方向上聚苯乙烯球直径包含的像素数；P_{xi} 为图像在 i 位置处 x 方向上聚苯乙烯球直径包含的像素数（$i = 1,\ 2,\ 3,\ 4$）；$\Delta P_{x,\,\mathrm{max}}$ 为 $|\Delta P_{xi}|$ 最大值，$\Delta P_{xi} = P_{xi} - P_{x0}$；$P_{y0}$ 为中心位置处 y 方向上聚苯乙烯球直径包含的像素数；P_{yi} 为图像在 i 位置处 y 方向上聚苯乙烯球直径包含的像素数（$i = 1,\ 2,\ 3,\ 4$）；$\Delta P_{y,\,\mathrm{max}}$ 为 $|\Delta P_{yi}|$ 最大值，$\Delta P_{yi} = P_{yi} - P_{y0}$。

如图 6-7 所示，在 500 倍放大倍率下计算同一聚苯乙烯球直径在 x、y 方向的图像线性失真度。利用 ImageJ 软件测量同一聚苯乙烯球直径在显示屏各位置处 x、y 方向所包含的像素数，计算结果表明（表 6-4），500 倍放大倍率下扫描电镜电子图像 x 方向线性失真度为 1.9%，y 方向线性失真度为 2.0%。

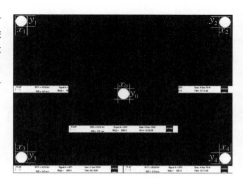

图 6-7　同一聚苯乙烯球在显示屏不同位置的电子图像

表 6-4 利用像素数计算 x、y 方向的图像线性失真度

方向	聚苯乙烯球直径包含的像素数 P_i					ΔP_{max}	$\dfrac{\Delta P_{\mathrm{max}}}{P_0}\Big/\%$
	0 位置	1 位置	2 位置	3 位置	4 位置		
x	105	106	105	107	105	2	1.9
y	101	100	102	100	102	2	2.0

（4）样品污染率和样品漂移率

扫描电镜使用过程中，含有 C、H、O 等元素的样品在扫描电镜中长时间经受电子束辐照，产生挥发性污染物，污染物发生聚合形成碳沉积，导致样品成像区域中产生黑色方框或黑色斑点，或是堵塞光阑孔，或是污染电镜探头和其他部件，这会导致扫描电镜测量可靠性、准确性和安全性出现问题。扫描电镜在高放大倍率时，对稳定性要求极高，漂移允许度极低。造成扫描电镜漂移的因素有环境振动、磁场、噪声和电子束轰击所导致的样品的变形和运动。如果扫描电镜出现漂移，会造成图像模糊、图像移动和测量数据准确性变差。目前，我国扫描电

镜数量超过 3 000 台，并且以每年超 200 台的速度增长，扫描电镜的检定、校准和维护需求巨大。扫描电镜污染率和漂移率需要使用标准物质进行周期性检测和校准，支撑扫描电镜的周期性维护保养。

把扫描电镜调整为最佳聚焦状态，采用微孔碳膜标准物质进行校准。选取一个微孔并将其移至显示屏中心，把图像放大到圆孔面积占显示屏面积 80% 左右，在该放大倍率下拍摄第 1 张图像，保持所有参数条件不变，10 min 后拍摄第 2 张图像，如图 6-8 所示。根据式（6-7）和式（6-8）计算样品污染率和样品漂移率：

$$Q_C = \frac{D_2 - D_1}{2t} \qquad (6-7)$$

$$Q_D = \frac{L}{t} \qquad (6-8)$$

式中，Q_C、Q_D 分别为样品污染率和样品漂移率；t 为两次拍摄图像的时间间隔，一般取 10 min；D_1、D_2 分别为间隔时间 t 前后拍摄的图像上测得的微孔直径；L 为 D_1、D_2 微孔中心的距离。

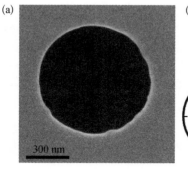
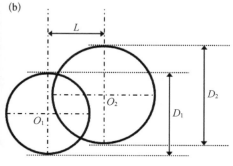

图 6-8 微孔碳膜标准物质的扫描电镜图像及样品污染率和样品漂移率测量示意图

（5）校准结果不确定度评定

① 数学模型

根据测量方法标准，使用校准后的扫描电镜测量样品中的特征尺寸。特征尺寸的测量值可能会受到噪声、磁场、振动、电压、磁透镜像散、样品台漂移等因素以及标准物质和测量方法的影响。根据式（6-9）和式（6-10）计算特征尺寸测量值的校准值和校准系数：

$$S_{mc} = S_m \eta \tag{6-9}$$

$$\eta = \frac{S_0}{S} \tag{6-10}$$

式中，S_{mc} 是扫描电镜测量特征尺寸测量值的校准值；S_m 是扫描电镜测量特征尺寸的测量值；η 是所使用的放大倍率（或像素尺寸）的校准系数；S_0 是扫描电镜校准用标准物质的标准值。

根据式(6-9)和式(6-10)计算特征尺寸测量值的校准值 S_{mc}，可进一步根据式(6-11)计算得到校准值的不确定度 $u(S_{mc})$：

$$u(S_{mc}) = \sqrt{c_1^2 u(S_m)^2 + c_2^2 u(S_0)^2 + c_3^2 u(S)^2} \tag{6-11}$$

式中，$c_1 = \dfrac{\partial S_{mc}}{\partial S_m} = \dfrac{S_0}{S}$；$c_2 = \dfrac{\partial S_{mc}}{\partial S_0} = \dfrac{S_m}{S}$；$c_3 = \dfrac{\partial S_{mc}}{\partial S} = -\dfrac{S_m S_0}{S^2}$。

② A 类不确定度评定

使用标准物质校准扫描电镜时，在标准物质中选择一个合适的位置，重复测量标准物质特征值至少 6 次，然后根据式(6-12)计算标准物质测量重复性引入的不确定度 $u(S)$：

$$u(S) = \sqrt{\frac{1}{n-1} \sum_{j=1}^{n} (x_j - \overline{x})^2} \tag{6-12}$$

式中，n 是在所选位置的测量总次数；j 是第 j 次测量序号，$j = 1, 2, \cdots, n$；x_j 是第 j 次测量的测量值；$\overline{x}$ 是所有测量值的平均值。

③ B 类不确定度评定

扫描电镜放大倍率校准用标准物质的不确定为 $U_{CRM}(k=2)$，因此扫描电镜放大倍率校准用标准物质引入的不确定度 $u(S_0) = U_{CRM}/2$。

④ 合成不确定度

根据式(6-11)计算合成不确定度 $u(S_{mc})$。

⑤ 扩展不确定度

待测样品特征尺寸测量值的校准值服从正态分布，置信水平为 95%，扩展

因子 $k = 2$，因此待测样品特征尺寸测量值的校准值的扩展不确定度 U 为

$$U = 2 \times u(S_{mc}) \qquad (6-13)$$

6.1.2　石墨烯片层尺寸测量方法

石墨烯粉体材料在溶剂中的分散性、形状、尺寸及分布对提高石墨烯材料产品导电、导热、强度、硬度等方面性能极为重要。与传统样品分散在分散液中为类球形或类线形相比，石墨烯粉体材料在溶液中为不规则片状，并且在 x 和 y 轴方向的尺寸远远大于 z 轴方向的尺寸，这使得动态光散射仪、激光颗粒仪等仪器不适用于此类材料尺寸、形状的测量。扫描电镜可以直接观察石墨烯材料的形状和尺寸，但是用什么参数描述形状和尺寸及其分布就成为急需解决的问题。笔者针对这些问题开展了初步研究，接下来介绍研究思路和部分成果，希望可以为研究者提供参考。

（1）样品制备

用分析天平称取 0.002 g 氧化石墨烯粉末，把粉末装入 15 mL 离心管中，然后向离心管中加满无水乙醇，盖好离心管盖，用涡旋振荡器振荡 10 min，得到分散液，然后把分散液放入超声清洗仪中超声分散 3 min。利用溅射沉积法在单晶硅片上生长一层 5 nm 左右厚的金薄膜，然后把氧化石墨烯分散液滴到生长有金薄膜的单晶硅片上，待其自然干燥，得到分散的氧化石墨烯样品。

（2）测量过程

依据 6.1.1 小节对扫描电镜进行校准。把制备好的氧化石墨烯样品放入校准后的扫描电镜，选择合适的加速电压和工作距离，拍摄氧化石墨烯样品的扫描电镜图像，在不同放大倍率下获得的电子图像的像素数不同。例如，对于一幅 2 048 像素×1 536 像素的图像，2 μm 的标尺包含 105 个像素，单位像素尺寸是 (2/105)微米/像素；对于一幅 3 072 像素×2 304 像素的图像，2 μm 的标尺包含 159 个像素，单位像素尺寸是 (2/159)微米/像素。在此基础上，可以计算出每个石墨烯片层的尺寸。如图 6-9(a)所示，从图中可见氧化石墨烯片层分散性较好、形状清晰。

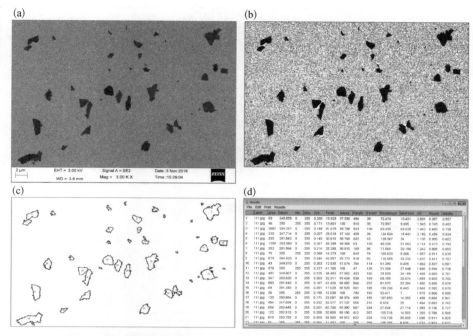

图6-9 氧化石墨烯片层的扫描电镜图像及尺寸计算过程和结果

（a）氧化石墨烯片层的扫描电镜图像；（b）图像衬度处理；（c）ImageJ 软件识别氧化石墨烯片层图像；（d）氧化石墨烯片层的尺寸计算结果

（3）数据分析

从图6-9(a)中可以看出,石墨烯片层的形状有条形、方形、近圆形及其他不规则形状,虽然对于圆形和类圆形的形状和尺寸可以用直径和等效直径等参数进行描述,但是由于石墨烯片层具有二维平面结构及复杂多变的形状和尺寸,需要使用更合适的参数对石墨烯片层形貌、大小及其分布进行描述和定义,并提供数据分析方法。

目前,这项工作正在进行中,已经取得部分成果。在参考颗粒形状、尺寸参数描述的基础上,筛选适合描述二维片层形状、尺寸的参数[4]。对描述参数的要求如下:一是参数尽可能少而能让用户充分了解描述的形状、尺寸和分布,二是参数便于分析计算。表6-5介绍了描述片层图形的参数。分析12个图形参数可以看出,面积可以用于表达二维片层尺寸大小,方形度和圆形度可以表达片层接近于圆形或方形的程度,是形状的描述。这三个参数是最基本参数,其他参数将通过继续研究所收集用户意见,以便全面描述二维材料尺寸、形状及分布。

表6-5 描述片层图形的参数

序号	名 称	符号	描 述	图形表达	公 式
1	面积	A	图形的实际像素数		—
2	周长	p	图像边缘的总长度		—
3	质心 X	CX	质心的水平坐标		$\sum X/A$，其中 X 是一个点的水平坐标
4	质心 Y	CY	质心的垂直坐标		$\sum Y/A$，其中 Y 是一个点的垂直坐标
5	边界框长度/像素	BL	平行于坐标轴的最小矩形的长度		$X_{max} - X_{min}$（X_{max}/X_{min} 是所有点中最大或最小的 X 点）
6	边界框宽度/像素	BW	平行于坐标轴的最小矩形的宽度		$Y_{max} - Y_{min}$（Y_{max}/Y_{min} 是所有点中最大或最小的 Y 点）
7	方度	$Extent$	图形的像素数在其对应的边界框总像素的比例。对于一个完整方形，它的范围值为 1		$\dfrac{A}{BL \times BW}$
8	圆度	C	图形的圆形程度。对于一个完整的圆，它的圆度值是 1	—	$\dfrac{4\pi A}{P^2}$
9	固体性	$Solidity$	图形的像素数在其对应的凸包总像素的比例		$\dfrac{A}{A_{convex\ hull}}$
10	最大费雷特直径/像素	XF_{max}	图形的两根平行切线之间的最大距离		—
11	最小费雷特直径/像素	XF_{min}	图形的两根平行切线之间的最小距离		—
12	等效直径	X_p	与不规则图形有相同面积的圆的直径		$\sqrt{\dfrac{4A}{\pi}}$

（4）图像处理

首先要对图像进行裁剪，将电子图像中的标尺和其他标识裁剪掉，因为这些标尺和标识会影响对图像衬度和石墨烯片层尺寸的分析。图 6 - 10（a）中原始图像带有的约 10% 的标尺图像需要被裁剪掉，剩余约 90% 的图像见图 6 - 10（b）。随后为了去除图像中的噪声，需要对图像进行高斯过滤处理。高斯过滤是一种线性光滑过滤，对整个图像进行加权平均处理，用于消除高斯噪声。每个像素点的高斯过滤值是通过该点初始像素数和周围点像素数的加权平均得到的。

图 6 - 10　不同处理阶段的石墨烯片层图像

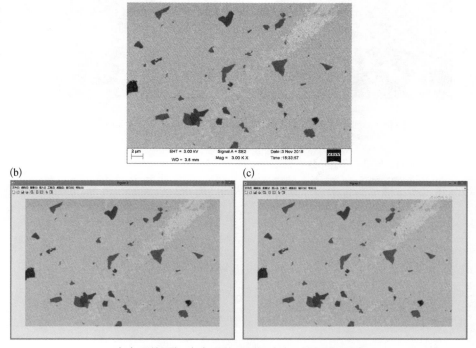

（a）原始图像；（b）裁剪后图像；（c）高斯过滤后图像

图像经高斯过滤后，需要继续进行二值化处理，目的是将图像处理为对比度清晰的黑白色。二值化处理是基于像素数的最大组内方差来区分背景和石墨烯片层。不同的图像有不同的阈值。二值化处理后图像如图 6 - 11（a）所示，前景是白色而背景是黑色。

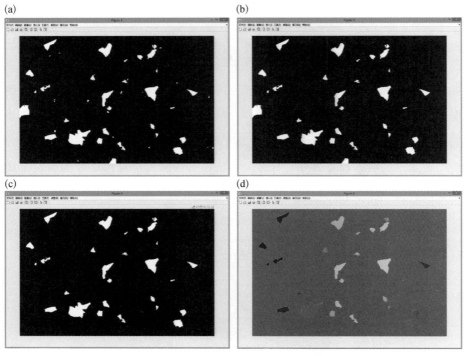

图 6 - 11　不同处理阶段的石墨烯片层图像

（a）二值化处理后图像；（b）去除小片层后图像；（c）去除不完整片层后图像；（d）最终图像

　　为了确保图像分析的有效性,需要去除那些像素总数小于 1 000 的石墨烯片层,还需要去除那些位于边界处的不完整的石墨烯片层,如图 6 - 11(b)(c)所示。图 6 - 11(d)是去除小的和不完整的石墨烯片层后获得的最终图像。

　　对 22 幅石墨烯片层扫描电镜图像中 576 个石墨烯片层进行分析,得到的数据分析结果如表 6 - 6 所示。这些石墨烯片层的平均面积约为 1.963 4 μm^2,平均方度和平均圆度都在 0.5 左右,这表明这些石墨烯片层的形状与圆形或矩形相差甚远。由此可见,面积、方度、圆度这三个参数足够描述二维片层的尺寸和形状。

表 6 - 6　石墨烯片层的数据分析结果

参数	面积 / μm^2	周长 / μm	边界框长度/像素	边界框宽度/像素	范围 /方度	圆度	固体性	等效直径 / μm
平均值	1.963 359	6.865 847	1.724 324	1.718 781	0.528 885	0.474 626	0.812 695	1.354 784
方差	5.796 775	27.676 97	1.360 846	1.206 154	0.012 097	0.027 558	0.011 556	0.646 476
标准偏差	2.407 649	5.260 89	1.166 553	1.098 25	0.109 987	0.166 005	0.107 5	0.804 037

6.1.3 大范围金属基底上石墨烯薄膜覆盖度的测量方法

石墨烯特异的物理性质使得石墨烯在电子、光电子、生物感应等诸多领域具有广阔的应用前景[5,6]。与机械剥离法[7,8]、氧化还原法[9]或 SiC 外延生长法[10,11]得到的石墨烯相比,生长在金属基底上的石墨烯具有显著的优势[12],只要提供大尺寸的金属基底,即可得到相应尺寸的石墨烯薄膜,并且已有方法可以方便地将石墨烯薄膜转移到其他基底上。利用化学气相沉积法在铜或镍上生长的石墨烯薄膜[13,14],其转移便利的优势更加明显。转移之后的石墨烯薄膜具有高透光性及高导电性,因而可以被制作成透明电极[15,16],广泛应用于各种各样的柔性光电器件中,包括触摸屏传感器、有机发光二极管和有机光伏器件。其中石墨烯薄膜自身质量高低是器件性能优劣的指标之一。

目前,常用透光率和方块电阻两个参数衡量石墨烯透明电极的品质,这两个参数可以对从金属基底转移到石英透明基底上的石墨烯薄膜的缺陷进行宏观表征[17,18],包括转移过程中腐蚀液等外界因素对石墨烯薄膜产生的掺杂及转移过程中造成的破损等[19]。但是由于金属基底的导电性和不透光性,对于在金属基底上生长的石墨烯薄膜而言,不能直接通过测量透光率和方块电阻来表征石墨烯薄膜的品质。而不同实验室使用相同生长工艺得到的石墨烯薄膜,或同一实验室使用不同的生长工艺得到的石墨烯薄膜,在比较覆盖度时缺乏合理可靠的标准,需要探究其他的指标来表征石墨烯薄膜的品质。研究发现,可以根据石墨烯薄膜在金属基底上的覆盖度对石墨烯薄膜的生长条件进行优化,提高石墨烯薄膜在金属基底上的覆盖度可以大大提高转移后石墨烯薄膜的导电性和其他性能。本小节提出了金属基底上石墨烯薄膜覆盖度的特性参数,建立扫描电镜对石墨烯薄膜覆盖度的测量方法。

石墨烯具有耐高温、抗氧化特性,因而生长了石墨烯薄膜的金属基底样品在大气中加热时,未被石墨烯薄膜覆盖的金属基底将形成氧化物,被石墨烯薄膜覆盖的金属基底由于受到石墨烯薄膜的保护而不会氧化变色,从而可以提高石墨烯薄膜覆盖区域和未覆盖区域的对比度,利用此特性可以初步判断石墨烯薄膜的覆盖度。图 6-12 为氧化处理前后 5 cm×5 cm 铜基石墨烯薄膜样品的照片，氧化温度为 180℃，氧化时间为 5 min[20,21]。当相邻石墨烯薄膜未覆盖面积或缺陷的尺寸达到毫米级时，仅凭肉眼就可以明显区分石墨烯薄膜的覆盖区域和未覆盖区域[22]，此时采用光学显微镜就可以计算其覆盖度。当未覆盖面积或缺陷的尺寸在微米甚至纳米量级时，必须选择更高分辨率的测量工具。扫描电镜技术是一种有效的测量技术，但是扫描电镜存在的问题是测量范围非常小。对宏观的石墨烯薄膜样品来说，理想的覆盖度结果应该以整张样品中覆盖有石墨烯薄膜的样品面积与样品总面积的比值来表示，如果要反映 5 cm×5 cm 样品的微观形貌，需要约 8 000 张同一倍数下的扫描电镜图像，测量效率太低，因此需要建立高效的测量方法。

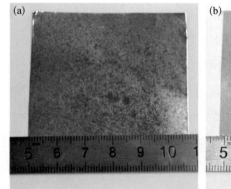 

图 6-12 氧化处理前后 5 cm×5 cm 铜基石墨烯薄膜样品的照片

（a）未氧化处理的宏观形貌;（b）氧化处理后的宏观形貌

下面介绍一种使用扫描电镜定量表征金属基底上石墨烯薄膜覆盖度的方法。在扫描电镜图像中，石墨烯薄膜覆盖的区域和未覆盖区域的衬度不一样，因此可以利用图像处理软件分别计算不同衬度的像素面积，用石墨烯薄膜覆盖区域与未覆盖区域图像的像素面积比值来表征金属基底上石墨烯薄膜的覆盖度。通过研究样本中石墨烯晶畴选取数目证明了扫描电镜表征覆盖度方法有效可行，通过研究最小测量样本数和样本标准偏差确定了通过有限的测量微区样本数可得到整个薄膜样品的覆盖度和均匀性，并通过研究石墨烯薄膜覆盖区域与未覆盖区域的边界给出了石墨烯薄膜覆盖区域边界对覆盖度计算结果引入的不确定度。通过检验证明,可以仅用有限数目的微区覆盖度来反映整张薄膜的覆盖度,该方法既准确又快捷。

1. 测量原理

石墨烯薄膜的覆盖度为石墨烯薄膜覆盖的基底面积与基底总面积之比。扫描电镜图像中石墨烯薄膜覆盖的基底面积为石墨烯成像区域像素数与单位像素面积的乘积,基底总面积为整个基底的像素数与单位像素面积的乘积,因此石墨烯薄膜覆盖度可根据式(6-14)计算:

$$\theta = \frac{CP}{TP} \times 100\% = \frac{C}{T} \times 100\% \tag{6-14}$$

式中,θ 为石墨烯薄膜的覆盖度;C 为扫描电镜图像中石墨烯覆盖面积的像素数;T 为整张扫描电镜图像的像素数;P 为单位像素面积。从式(6-14)中可以看出,对于同一幅扫描电镜图像,所有位置的单位像素面积都相等,所以单位像素面积可以被约掉,因此采用扫描电镜测量石墨烯薄膜覆盖度只与像素数有关。

2. 拍摄扫描电镜图像和图像分析

(1)样品前处理

从铜基石墨烯薄膜样品中剪取 2 cm×2 cm 的方形样品,使用导电胶把方形样品粘到合适的样品台上,作为待测样品。在样品处理过程中,尽量保持环境及用具清洁,尽可能避免铜箔变形和产生污染物。对于有褶皱的样品,先将其平放于两片干净的载玻片之间,然后施压载玻片使铜箔平整,再裁剪制样。

(2)扫描电镜校准和测量

首先根据 6.1.1 小节对扫描电镜进行校准,然后放入石墨烯待测样品,对扫描电镜进行聚焦、调节亮度和对比度等参数,使石墨烯和铜箔基底之间的灰度值相差最大,然后拍摄高像素的扫描电镜图像。成像模式选用 SE 模式、Inlens 模式、ETD 模式或 CBS 模式,加速电压选择 3～5 kV。若石墨烯覆盖度太大,采用 ETD 模式不易分辨石墨烯覆盖区域和未覆盖区域,可选用对元素敏感的 CBS 模式,以便滤去因基底表面起伏造成的对覆盖区域和未覆盖区域衬度的干扰。

在石墨烯样品上选取5~9个不同区域进行测量,每个区域必须包含15~30个石墨烯岛或空缺岛以保证区域的代表性。当覆盖度很小(<3%)或者很大(>97%)时,由于石墨烯岛或空缺岛区域相对总面积过小,所选区域可仅包含5~10个石墨烯岛或空缺岛。

(3) 覆盖度计算

使用 Photoshop 软件逐一框选、识别扫描电镜图像中石墨烯岛的边界,在边界内的像素数为石墨烯薄膜覆盖区域的像素数 C,整幅图像的像素数为 T。图6-13(a)为 ETD 模式下拍摄的铜箔基底石墨烯薄膜样品的扫描电镜图像。图6-13(b)是铜箔基底石墨烯薄膜样品的拉曼强度图,图中有石墨烯的特征峰 G 峰和 2D 峰,由此判断样品中深色区域为石墨烯薄膜覆盖区域。图6-13(c)为采用Photoshop 软件,经过调节容差值,用魔棒工具逐渐、全面地选出图6-13(a)中深色区域(石墨烯薄膜覆盖区域)的扫描电镜图像。每一个石墨烯薄膜覆盖区域都被白色虚线包围,此区域被定义为一个岛。从图6-13(c)中可以看出,选取的边界清晰且与每一个石墨烯岛拟合程度都较好。在选定覆盖区域后,软件界面下方的"记录测量"中会显示出覆盖区域的像素数 $C = 6\,917\,382$,图像的总像素数 $T = 8\,888\,880$,根据式(6-14)计算该扫描电镜图像中石墨烯薄膜的覆盖度 $\theta = 77.8\%$。

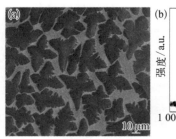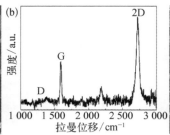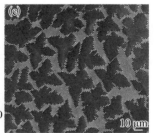

图6-13 铜箔基底石墨烯薄膜样品

(a)扫描电镜图像;(b)拉曼强度图;(c)使用 Photoshop 软件选出图(a)中深色区域的扫描电镜图像

从上述计算可以发现,覆盖度的计算依赖于通过测量有限数量的扫描电镜图像来统计宏观石墨烯薄膜样品的覆盖度,因此需要研究确定一张扫描电镜图像中应该有多少石墨烯岛。为了确保给出石墨烯岛数量的合理性,研究者从不确定度来源及其大小确定一张有效扫描电镜图像应包含的石墨烯岛数量。根据覆盖度计算的数学模型进行不确定度分析,研究引入不确定度分项的影响和结果。

$$C = \overline{S}N \tag{6-15}$$

式中,$\overline{S}$ 为石墨烯岛的平均面积;N 为石墨烯岛的数量。

将式(6-15)代入式(6-14)得到

$$\theta = \frac{\overline{S}N}{T} \times 100\% \tag{6-16}$$

在同一台设备、同一放大倍率下测量的情况下,T 为常数。根据不确定度传递公式得到

$$\sigma_\theta = \sqrt{\left(\frac{\partial f}{\partial \overline{S}}\right)^2 \sigma_{\overline{S}}^2 + \left(\frac{\partial f}{\partial N}\right)^2 \sigma_N^2 + \left(\frac{\partial f}{\partial T}\right)^2 \sigma_T^2} \tag{6-17}$$

式中,σ_θ 为石墨烯覆盖度的不确定度;$\sigma_{\overline{S}}$ 为计算石墨烯岛平均面积时引入的不确定度;σ_N 为测量范围内由于测量石墨烯岛数量涨落引入的不确定度;σ_T 为测量总面积时引入的不确定度。因为样品在相同放大倍率下进行测量时,图像像素面积是一个常数,所以其不确定度 $\sigma_T = 0$。根据式(6-17)可以进一步得到

$$\sigma_\theta = \frac{\sqrt{N^2 \sigma_{\overline{S}}^2 + \overline{S}^2 \sigma_N^2}}{T} \tag{6-18}$$

从式(6-18)中可以看出,岛面积和岛数量引起的不确定度越小,对覆盖度测量准确性的影响就越小。对于单独的一个石墨烯岛而言,引入的不确定度为其周长乘以一个相对宽度。即

$$\sigma_{\overline{S}} = lR \tag{6-19}$$

式中,l 为石墨烯岛的周长;R 是扫描电镜的分辨率。由于 l 和石墨烯岛面积的算术平方根成正比,则

$$l = \alpha \sqrt{S} \qquad (6-20)$$

式中，α 为一个和岛形状相关的系数。

采集区域内石墨烯岛数量对石墨烯覆盖度的统计也会产生影响。假设石墨烯岛数量是随机过程，则

$$\sigma_N = \frac{1}{\sqrt{N}} \qquad (6-21)$$

将式（6-19）、式（6-20）、式（6-21）代入式（6-18）得到

$$\sigma_\theta = \sqrt{\frac{(\alpha R)^2}{T} \theta N + \frac{\theta^2}{N^3}} \qquad (6-22)$$

从式（6-22）可以看出，σ_θ 为 N 的函数，并存在一个极小值，即在视野范围内取一定数量的石墨烯岛将会使计算的石墨烯覆盖度的不确定度最小。为了研究不确定度最小时扫描电镜图像内岛的数量，对 20%、80%、90% 三个不同石墨烯薄膜覆盖度的样品进行理论模拟和实验测量。在理论模拟时，R、T 和 α 采用估计值。将岛简化成正方形，其周长为面积算术平方根的 4 倍，α 按照 4 估算；R^2/T 为整张图像对样品边缘的分辨，R 为扫描电镜设备对一个点的分辨率占其总边长的 $1/1\,000$，则 R^2/T 取 $1/1\,000\,000$。虽然这些数字比较粗糙，但尝试了其他数值后我们发现这些估算的数值对结论并不会造成很大影响。从图 6-14 可以看出，理论所预期的变化趋势和实验数据基本吻合。比较图 6-14 中的理论值和实验数据可以看出，N 的取值为 15～30 比较合适，从实验结果计算其不确定度为 1%～4%。

（4）测量宏观石墨烯薄膜覆盖度所需的有效扫描电镜图像数目

在统计学中，除非已知样本是均匀的，或者某些分析问题规定要代表样本，否则必须分析足够多的样本才能保证测定结果的可靠性。为了估计最小样本数，通过对样本的测量来获得取样方差，然后根据式（6-23）计算出达到某一置信水平所需要的最小样本数 n。

$$n = \frac{t^2 \sigma^2}{Q^2 \overline{X}^2} \qquad (6-23)$$

图 6 - 14 不同覆
盖度下 σ_θ 和 N 的
关系

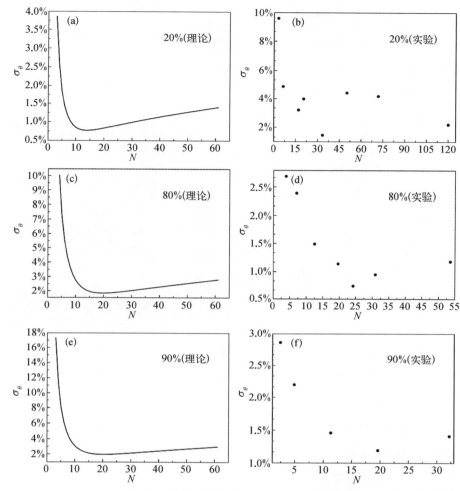

（a）（c）（e）20%、80%、90%覆盖度下的理论模拟曲线；（b）（d）（f）20%、80%、90%覆盖度
下的实验测量值

式中，t 为在所要求的置信水平下的值；σ 为测量样本的总体标准偏差；$\overline{X}$ 为平均值；Q 为平均值可接受的相对百分偏差。对于 95% 的置信水平，最初的 t 可取 1.96，以此计算出 n 值。

在生长石墨烯薄膜的过程中，各基底区域间有微小的温差或不尽相同的气体环境，导致不同基底区域的石墨烯薄膜覆盖度有差别。所以对于需要测量覆盖度的一张 5 cm×5 cm 石墨烯薄膜（总体），采用九宫格等距抽样的方法，在相同放大倍率下分别测得这九个区域的石墨烯薄膜覆盖度，得到该组数据的平均值

$\bar{X}$和总体标准偏差σ。利用式$(6-23)$得到在某一置信水平下需要的最小取样数n_0。如果最小取样数n_0小于9，那么这些样本覆盖度的平均值即可认为是石墨烯薄膜（总体）的覆盖度；如果最小取样数n_0大于9，根据计算得到的最小取样数重新取样测量，即将样本等分成n_0份，根据上述规则进行判断直到达到要求。

对图$6-12$中$5\text{ cm}\times5\text{ cm}$样品进行测量。按九宫格等距抽样的方法取样，每方块的面积为$(5/3)\text{ cm}\times(5/3)\text{cm}$，从$A_1$到$A_9$为这些方块编号；在每方块中间再截取$2\text{ mm}\times2\text{ mm}$的方块，作为SEM下的测量样品，从$a_1$到$a_9$为这些方块编号，样品编号如图$6-15$所示。

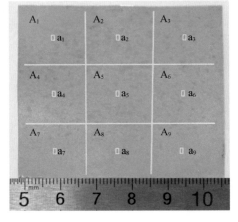

图$6-15$ 使用九宫格等距抽样的方法选择的待测样品编号

对样品$a_1\sim a_9$进行高分辨扫描成像，以对样品a_1的覆盖度的测定为例。先在低放大倍率下全面观察a_1的整个待测面，粗略估计未覆盖水平，最终选取适当的放大倍率对a_1进行成像，放大倍率以能够较为清晰地辨别覆盖区与未覆盖区的边界为宜，并保证扫描电镜图像有足够的岛数量。在a_1的不同区域多次成像，获得多张a_1的扫描电镜图像，采用相同放大倍率得到一系列$a_2\sim a_9$的扫描电镜图像。如图$6-16$所示，取样品$a_1\sim a_9$的相同放大倍率的扫描电镜图像各一张。

在使用Photoshop魔棒工具选定未覆盖区域时，设定容差值为10，得到像素数据。根据式$(6-14)$，分别得到样品$a_1\sim a_9$的覆盖度为76.2%、84.5%、82.2%、79.3%、84.9%、79.4%、81.7%、81.9%、79.1%。由此得到，样品$a_1\sim a_9$的覆盖度的样本标准偏差σ为2.6%，覆盖度的平均值$\bar{X}$为81%。根据式$(6-23)$，在置信水平为95%（$t=1.96$）、假设对样品均匀性可接受的相对标准偏差Q为6%时，所必需的样本数$n=1.13$。这说明整张石墨烯薄膜覆盖非常均匀，理论上只需测量薄膜的某一区域的两张扫描电镜图像，所得的覆盖度就可反映整张石墨烯薄膜的覆盖度。这证明通过九宫格取样得到的平均值具有足够的样品代表性，因此整张样品薄膜的覆盖度为81.0%。

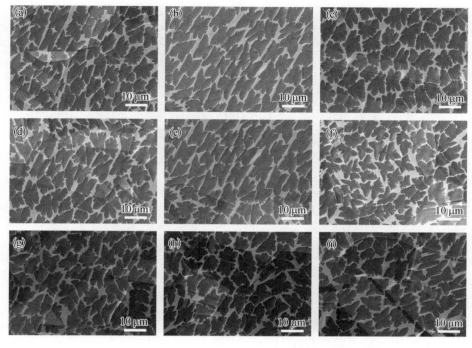

图6-16 分别从样品 $a_1 \sim a_9$ 获得的相同放大倍率的扫描电镜图像

（5）宏观石墨烯薄膜覆盖均匀性表达

采用覆盖度参数表达宏观薄膜的均匀性 h，见式（6-24）。

$$h = \left(1 - \frac{\sigma_u}{\theta}\right) \times 100\% \qquad (6-24)$$

式中，σ_u 是大面积基底上样品不均匀引入的不确定度，其根据式（6-25）计算。对于大面积的石墨烯薄膜样品，在一张有效扫描电镜图像具有 15～30 个岛的情况下，采用九宫格取样原则可以满足对 5 cm×5 cm 样品甚至更大样品进行均匀性评价具有代表性的要求。对于宏观样品，九宫格取样测量覆盖度所得到的标准偏差 σ_l 由两个部分组成：一个九宫格中多个位置测量覆盖度的标准偏差 σ_s 和由于样品长距离的不均匀引入的不确定度 σ_u。即

$$\sigma_u = \sqrt{\sigma_l^2 - \sigma_S^2} \qquad (6-25)$$

以图 6-17 石墨烯样品为例，采用九宫格取样方法，计算一个覆盖度为 20%左右样品的均匀性。先在任一个九宫格内测量 σ_s，然后通过 9 点法在样

品的大范围内选取测量点测得 σ_l，从而计算出 σ_u 和样品覆盖均匀度 h。根据式（6-14）得到任选一个九宫格内的覆盖度 $\theta =$ 24.7%，覆盖度标准偏差 $\sigma_s =$ 2.0%；九宫格取样法得到覆盖度 $\overline{\theta_l} = 24.8\%$，标准偏差 $\sigma_l = 2.6\%$；

代入式（6-25）得到 $\sigma_u = 1.6\%$，计算得到样品覆盖均匀度 $h = 93.5\%$。

　　综上所述，结合扫描电镜和图像处理软件来测量覆盖度是一种可靠的方法。利用九宫格等距抽样的方法选取待测石墨烯薄膜样本，通过理论模拟和实验测量可知，当选取的扫描电镜图像中满足石墨烯岛个数为 15～30 时，石墨烯薄膜覆盖度的不确定度最小（1%～4%）。通过统计学分析采用扫描电镜图像得到的微区石墨烯薄膜覆盖度，表达宏观石墨烯薄膜覆盖度所需的有效扫描电镜图像数目的计算和取样过程。根据一种通过定量比较长距离取样和短距离取样所得到的覆盖度的标准偏差，给出了宏观石墨烯薄膜覆盖均匀性的定量表达公式。上述覆盖度和覆盖均匀性测量方法既节省了时间，又保证了测量的有效性，而且这种方法可以推广应用于扫描隧道显微镜、原子力显微镜图像处理，也可以应用于其他二维材料的图像处理。

6.2　透射电镜测量石墨烯材料形貌、层数和层间距

　　透射电镜是研究材料微观结构、形貌和成分的最重要设备之一，其实物和结构图如图 6-18 所示。透射电镜的工作原理如下：电子枪在超高真空条件下发射电子，电子被几万伏到几兆伏的电压加速，经过电磁透镜系统后会聚或平行照射到纳米级厚度的样品上，电子穿过样品时被样品中原子的静电势散射，发生不连续的电子散射和连续的电子衍射从而获得有衬度的图像。透射电镜的成像方式如下：样品不同区域的原子厚度和原子序数不同，对电子的散射和吸收也不

　　　　　　　　　　　　　　　　　　　　　石墨烯材料质量技术基础：计量

图6-18 透射电镜的实物图和结构图

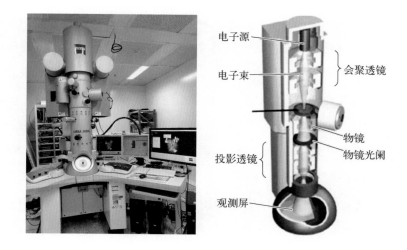

同,从而产生质量厚度衬度;晶体样品中不同区域满足布拉格衍射条件的程度不同,衍射束和透射束的强度比例就不同,从而产生衍射衬度;平行电子束穿透晶体样品时,透射电子束和衍射电子束的相位受到周期晶体势场的调制而改变,从而使得出射电子束携带了晶体的结构信息,产生相位衬度;收集样品中原子柱的高角度非相干散射电子,排除相干信息,图像中原子柱的像点强度与原子柱的平均原子序数的平方成正比,产生原子序数衬度。

透射电镜具有极高的分辨率,能够同时获得样品形貌、化学成分、晶体学微观结构等全方位信息,在材料研究领域具有广泛而重要的应用。带有多种分析功能的透射电镜,更是受到研究人员的青睐。高分辨成像和高角度环形暗场成像能够在原子尺度对材料的形貌和结构进行测量和研究。

6.2.1 透射电镜校准溯源

透射电镜可实现纳米尺度微观结构的准确测量,与测量准确性密切相关的特性参数是放大倍率。透射电镜的放大倍率是图像放大的比例因子,比例因子准确,图像中被测对象的尺寸才能准确。由于透射电镜在使用过程中受灯丝寿命、加速电压、电流稳定性、磁场稳定性、样品质量等因素的影响,其放大倍率会随着工作时间的变化而产生偏差。目前,我国透射电子显微镜数量超过1 000

台,并且以每年超100台的速度增长,逐渐从科研实验走向实际生产。为了保证社会研发及产业界测量结果的准确性和一致性,需要对透射电镜进行周期性校准。

我国在20世纪90年代制定了一些透射电镜标准和规范,如JB/T 5584—1991《透射电子显微镜放大率测量方法》、JY/T 011—1996《透射电子显微镜方法通则》,这些标准和规范规定了一些基本术语定义、测量方法通则和技术要求。1997年,国家教育委员会发布了JJG 011—1996《透射电子显微镜检定规程》,该规程适用于新安装、使用中和维修后的各类透射电镜的检定,该规程对透射电镜规定的检定项目有晶格分辨能力、点分辨能力、放大倍率、图像畸变量、污染速率、漂移速率、真空度。但该规程发布和实施已经超过二十年,当时我国还没有发布相关标准物质,导致该透射电镜检定规程不能被有效实施。随着科技的不断进步和电子显微技术的飞速发展,2017年,国家质量监督检验检疫总局和中国国家标准化管理委员会发布了国家标准GB/T 34002—2017/ISO 29301:2010《微束分析　透射电子显微术　用周期结构标准物质校准图像放大倍率的方法》。该标准只规定了透射电镜校准计量特性最重要的参数——放大倍率的校准,但不适用于专用的关键尺寸测长透射电镜和扫描透射电镜,对图像畸变量、污染速率、漂移速率等特性参数没有校准。图6-19是中国计量科学研究院建立的透射电镜放大倍率溯源路径。从图中可以看出,放大倍率校准用有证标准物质采用溯源到SI基本单位的X射线衍射仪进行定值,X射线衍射仪的校准溯源见第4章。中国计量科学研究院研制发布了金薄膜晶面间距标准物质(GBW13655),目前是国际上唯一的透射电镜高放大倍率校准用有证标准物质;国内其他研究单位研制发布了中、低放大倍率校准用有证标准物质,见表6-7。有证标准物质是准确量值传递的载体,通过有证标准物质,依据校准规范对透射电镜的

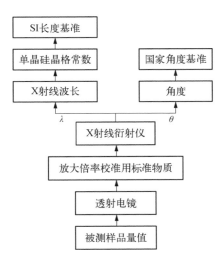

图6-19　中国计量科学研究院建立的透射电镜放大倍率溯源路径

特性参数进行校准,并评定校准结果的不确定度,将溯源至 SI 基本单位的准确量值传递给终端用户,这一过程将在 6.2.2 小节中详细介绍。中国计量科学研究院在透射电镜校准溯源研究的基础上制定了中关村材料试验技术联盟(CSTM)团体标准 T/CSTM 00162—2020《透射电子显微镜校准方法》,除规定了透射电镜校准计量特性参数之外,还给出了不确定度评定方法。下面对校准方法进行介绍,透射电镜校准的主要计量特性及标准物质要求如表 6-8 所示。

表 6-7 我国研制的透射电镜放大倍率校准用标准物质

名　　称	研制单位	量 值 特 征	测量范围
金薄膜晶面间距标准物质(GBW13655)	中国计量科学研究院	晶面间距 0.236 6 nm 不确定度 0.003 0 nm	高放大倍率
二氧化硅薄膜厚度标准物质(GBW13965)		膜厚 9.92 nm 不确定度 0.40 nm	中放大倍率
超晶格多层膜厚度标准物质(6～10 层,GBW13955)		膜厚 10.60 nm 不确定度 0.18 nm	中放大倍率
氮化硅薄膜厚度标准物质(GBW13961)		膜厚 52.67 nm 不确定度 0.28 nm	低放大倍率
金颗粒粒径标准物质[GBW(E)120126]	国家纳米科学中心	颗粒直径 22.6 nm	中放大倍率
金纳米棒粒径标准物质[GBW(E)140474]		不确定度 1.0 nm	低放大倍率
聚苯乙烯颗粒粒径标准物质(GBW12011)	中国石油大学	颗粒直径 79.1 nm 相对不确定度 1.9%	低放大倍率

表 6-8 透射电镜校准的主要计量特性及标准物质要求

计量特性	放大倍率(M)	标准物质扩展不确定度($k=2$)
放大倍率示值误差	$M>300\ 000$	不超过 1.5%
	$100\ 000<M\leqslant300\ 000$	不超过 2%
	$M\leqslant100\ 000$	不超过 2.5%
样品污染率	$M\leqslant100\ 000$	不超过 2%
样品漂移率	$M\leqslant100\ 000$	不超过 2%

6.2.2　透射电镜放大倍率校准用标准物质

透射电镜的放大倍率从几千倍到几百万倍连续可调,通常把透射电镜的放大倍率分为低、中、高三档(分别为小于 10 万倍、10 万倍到 30 万倍、大于或等于 30 万倍)。因此,透射电镜需要使用三类标准物质分别校准低、中、高三档放大倍率。透射电镜放大倍率校准需要使用有证标准物质。我国研制了透射电镜放大倍率校准用标准物质，国家标准物质资源共享平台（https://www.ncrm.org.cn）给出了我国现有的有证标准物质信息。透射电镜放大倍率校准用标准物质主要有晶面间距、膜厚、粒径标准物质，表6-7列出了我国相关标准物质名称及量值范围。在进行透射电镜放大倍率校准时，可根据待测量值范围选择标准值相当的标准物质开展校准工作。

国际上其他计量院关于透射电镜放大倍率校准用标准物质的研制非常少，美国国家标准与技术研究院研制了几种金颗粒标准物质：金溶胶（SRM 8011），粒径标准值为 10 nm；金溶胶（SRM 8012），粒径标准值为 30 nm；金溶胶（SRM 8013），粒径标准值为 60 nm。其主要用于透射电子显微镜中、低放大倍率的校准，尚无透射电镜高放大倍率校准用标准物质。此外，国内外市场上有一些透射电镜高放大倍率校准样品销售，但这些校准样品没有溯源性描述，也没有标准物质证书，如表6-9所示。

表6-9 国外透射电镜高放大倍率校准样品

校 准 样 品	研 制 机 构	量 值 特 征	测 量 范 围
硅/硅锗	加拿大国家研究理事会微结构科学研究所（NRC-IMS）	晶面间距为 0.313 56 nm 膜厚为 9.2 nm	高、中、低放大倍率
单晶金	Tedpella	晶面间距为 0.235 48 nm	高放大倍率
过氧化氢酶		晶面间距为 0.9 nm	高放大倍率

透射电镜高放大倍率校准用标准物质的选择和使用非常重要。有些透射电镜用户使用金颗粒样品或其他晶体样品的晶面间距来校准透射电镜的高放大倍率，这些样品的晶面间距量值不具有溯源性或者量值不准确。笔者研究发现，颗粒或薄膜在生长或制备过程中，不同晶向的应变不同，导致晶面间距测量值与理论值相差很大。如图 6-20 所示，金颗粒合成过程中的晶格畸变导致晶面应变较大，Au{002}晶面应变达到 3.7%。此外，晶面应变状态不稳定，随电镜加速电压、辐照时间的变化而变化。因此，金颗粒的晶面应变较大，且应变状态不稳定，不适用于研制透射电镜高放大倍率校准用标准物质。也有用户使用 Si{220}晶面间距来校准透射电镜高放大倍率，因为可以

图6-20 金颗粒
的显微形貌和晶面
应变分布

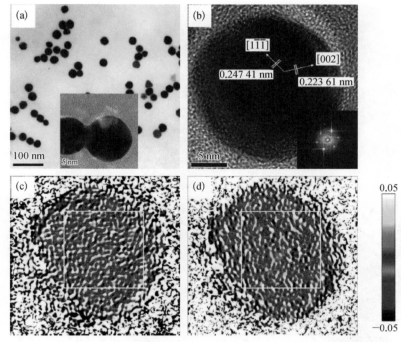

（a）明场像；（b）高分辨晶格像；（c）{111}晶面应变分布；（d）{002}晶面应变分布

采用 XRD 对硅片直接定值。但是存在的问题是硅片定值以后需要经过离子减薄等多种加工方法才能得到适合透射电镜测量用的样品，但加工过程可能导致晶面应变状态发生变化，以及引入污染杂质，这些因素均可能导致 Si {220}晶面间距量值发生变化。因此，采用 XRD 定值的 Si{220}晶面间距量值，但用定值后再加工的样品来校准透射电镜高放大倍率，量值是不够可靠的。

中国计量科学研究院研制出首个直接溯源至 SI 长度定义的透射电镜高放大倍率校准用标准物质——金薄膜晶面间距标准物质（GBW13655），解决了透射电镜高放大倍率校准问题。图 6-21 是金薄膜标准物质的显微形貌和晶面应变分布。从图中可见，金薄膜的微观组织由等轴晶粒组成，Au{002}晶面的应变较大，达到－2.32%，但是 Au{111}晶面的应变较小，仅为 0.26%。更为重要的是，金薄膜直接生长在铜网碳膜上，采用 XRD 定值后可以不经任何加工直接使用，使校准时的量值与定值的量值保持一致。

图6-21 金薄膜标准物质的显微形貌和晶面应变分布

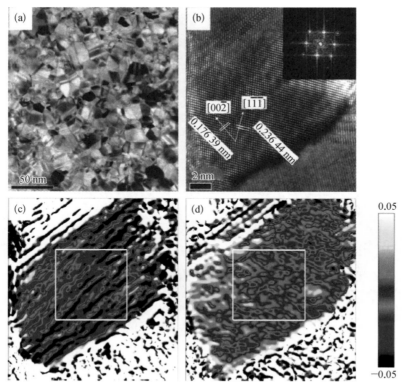

（a）明场像；（b）高分辨晶格像；（c）{002} 晶面应变分布；（d）{111} 晶面应变分布

6.2.3　透射电镜校准方法

1. 放大倍率校准

放大倍率是透射电镜图像示值准确性的代表参数，因此需要对放大倍率进行校准。透射电镜的放大倍率 M 分为高（$M>30$ 万倍）、中（10 万倍$<M\leqslant30$ 万倍）、低（$M\leqslant10$ 万倍）三档。使用透射电镜测得标准物质长度特性量的测量值 S、放大倍率示值误差 Δ 和校准系数 η 的计算公式如下：

$$\Delta = \frac{S - S_0}{S_0} \qquad (6-26)$$

$$\eta = \frac{S_0}{S} \qquad (6-27)$$

式中，S 是标准物质长度特性量的测量值；S_0 是标准物质长度特性量的标准值；Δ 是透射电镜放大倍率示值误差；η 是放大倍率校准系数。

透射电镜高放大倍率应使用晶面间距标准物质校准。拍摄晶面间距标准物质的高分辨晶格像，使用透射电镜图像分析软件（Digital Micrograph、ImageJ 等）测出晶面间距测量值 d（图 6-22），根据晶面间距标准值 d_0 计算出高放大倍率的示值误差 Δ 和校准系数 η。

图 6-22　透射电镜测量晶面间距

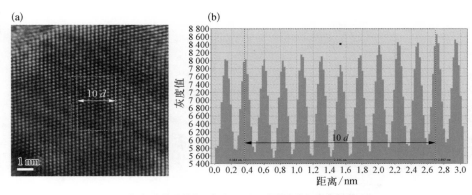

（a）二维晶格像；（b）晶面垂直方向的灰度值谱图

透射电镜中、低放大倍率应使用膜厚或粒径标准物质校准。拍摄膜厚标准物质的明场像，使用透射电镜图像分析软件（Digital Micrograph、ImageJ 等）测出薄膜厚度测量值 T（图 6-23），根据膜厚标准值 T_0 计算出中、低放大倍率的示值误差 Δ 和校准系数 η。

图 6-23　透射电镜测量薄膜厚度

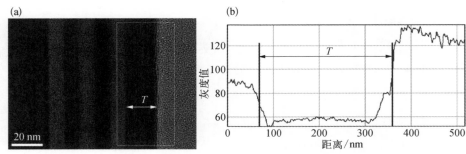

（a）明场像；（b）薄膜厚度方向的灰度值谱图

2. 污染率和漂移率校准

透射电镜的样品污染率和样品漂移率通常使用圆孔碳膜标准物质校准。明场像模式下把透射电镜放大倍率调为 4 万～5 万倍,把圆孔移至荧光屏中心,调节图像亮度,聚焦到稍欠焦(参考仪器厂家给的参考值),拍摄第 1 张图像,保持仪器参数不变,10 min 后拍摄第 2 张图像,如图 6-24 所示。根据式(6-28)和式(6-29)计算透射电镜的样品污染率和漂移率:

$$Q_c = \frac{D_2 - D_1}{2t} \tag{6-28}$$

$$Q_d = \frac{L}{t} \tag{6-29}$$

式中,Q_c 是透射电镜的样品污染率,nm/min;Q_d 是透射电镜的样品漂移率,nm/min;t 是两张图像的时间间隔,取 10 min;D_1 是第一次拍摄的圆孔直径;D_2 是第二次拍摄的圆孔直径;L 是 D_1 和 D_2 圆孔中心的距离。

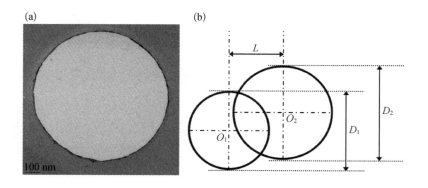

图6-24　圆孔碳膜标准物质的透射电镜明场像及样品污染率和样品漂移率测量示意图

3. 图像边界界定

在硅锗薄膜边界的界定过程中,先使用 Digital Micrograph 软件获得硅锗薄膜边界区域的灰度线轮廓图和原始数据,然后使用 MATLAB 软件对原始数据进行非线性拟合。硅锗薄膜右边界区域的灰度线轮廓图和灰度非线性拟合图如图 6-25(b)(c)所示,其非线性拟合函数为式(6-30);硅锗薄膜左边界区域的灰度线轮廓图和非线性拟合图如图 6-25(d)(e)所示,其非线性拟合函数为式(6-31)。

图 6 - 25　硅锗薄
膜的边界界定

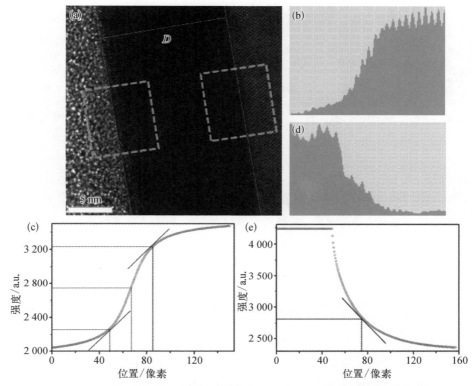

（a）硅锗薄膜高分辨晶格像；（b）右边界区域灰度线轮廓图；（c）右边界区域灰度非线性拟合图；
（d）左边界区域灰度线轮廓图；（e）左边界区域灰度非线性拟合图

$$y = a + \frac{b}{\pi}\left[\arctan\left(\frac{x-c}{d}\right) + \frac{\pi}{2}\right] \qquad (6-30)$$

式中，$a = 1\,942.533\,3$；$b = 1\,611.306\,1$；$c = 66.691\,119$；$d = 13.226\,761$。$r^2 = 0.99$。

$$y = a + b(1 - \exp\{-\left[x - d\ln(1 - 2^{1/e}) - c\right]/d\})^e \qquad (6-31)$$

式中，$a = 4\,233.648\,8$；$b = -1\,900.75$；$c = 59.524\,376$；$d = 29.345\,151$；$e = 0.586\,739\,96$。$r^2 = 0.98$。

薄膜的边界是一个元素扩散的过渡区域，是一个灰度值梯度变化的区域，边界的界定方法如下：推导出非线性拟合函数的导函数，计算出导数值等于 ±1 的位置，然后根据导数值位置（或两个导数值位置的中间位置）来定义边界，如图

6-25(c)(e)所示。

4. 校准结果的不确定度评定

透射电镜放大倍率、污染率和漂移率等特征量值校准结果的测量不确定度受到噪声、磁场、振动、电压变化、磁透镜像散等因素的影响。校准结果的不确定度评定如下。

（1）A类不确定度

主要是标准物质测量重复性引入的不确定度 u_1，在标准物质的某个位置测量特征值至少重复测量 6 次，测量重复性引入的不确定度 u_1 计算公式为

$$u_1 = \sqrt{\frac{1}{n-1}\sum_{j=1}^{n}(x_j - \overline{x})^2} \tag{6-32}$$

式中，n 是重复测量总次数；j 是测量次数序号，$j = 1, 2, \cdots, n$；x_j 是第 j 次测量值；$\overline{x}$ 是 n 个测量值的平均值。

（2）B类不确定度

透射电镜校准用标准物质引入的不确定度为 u_2。

透射电镜空间分辨力引入的不确定度为 u_3。

透射电镜的电子束漂移为 Q_d，硅锗薄膜成像时图像曝光时间为 t，则电子束漂移引起的不确定度 u_d 为

$$u_d = Q \times t / \sqrt{3} \tag{6-33}$$

硅锗薄膜在单晶硅上外延生长，单晶硅表面几何倾斜，制备过程中研磨、抛光导致的硅锗薄膜倾斜都在测量过程中被样品杆的 α 和 β 倾斜角修正，如图 6-26所示。样品倾斜引入的不确定度 u_t 为

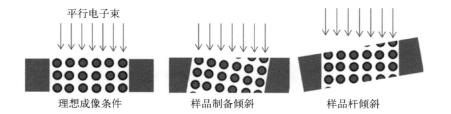

平行电子束

理想成像条件　　　样品制备倾斜　　　样品杆倾斜

图 6-26　透射电镜样品的倾斜修正示意图

$$u_t = \sqrt{\left[T(1 - \cos\alpha)\right]^2 + \left[T(1 - \cos\beta)\right]^2} \qquad (6-34)$$

式中，α、β 是样品杆的倾斜角；T 是硅锗薄膜的厚度。

透射电镜的测量数据是二维图像，像素尺寸由放大倍率和 CCD 相机的像素共同决定。硅锗薄膜高分辨晶格像的像素尺寸为 P。像素尺寸引入的不确定度 u_p 为

$$u_p = P/\sqrt{3} \qquad (6-35)$$

（3）校准结果的合成不确定度

各不确定度分量均不相关，按方和根形式计算合成不确定度 u_{cal}：

$$u_{cal} = \sqrt{u_1^2 + u_2^2 + u_3^2 + u_d^2 + u_t^2 + u_p^2} \qquad (6-36)$$

（4）校准结果的扩展不确定度

对于正态分布，置信水平为 95% 时，对应的 $k = 2$，则扩展不确定度 U 为

$$U = k u_{cal} \qquad (6-37)$$

6.2.4　石墨烯形貌、层数和层间距的透射电镜测量方法

1. 样品制备

薄膜测量样品制备过程包括溶解基底、清洗薄膜、微栅碳膜捞起薄膜、样品干燥。粉体测量样品制备过程包括分散及稀释、二次分散、超薄碳膜被测样品制备、样品干燥。薄膜样品和粉体样品制备过程中，应保持环境及用具清洁，避免出现污染物。以下实例介绍石墨烯薄膜样品和粉体样品的制备。

（1）薄膜样品制备

① 溶解基底　剪掉块状铜基底石墨烯薄膜（1 cm×1 cm 左右）的翘曲边缘，用尖镊子夹住一个边角放入装有 20 mL 浓度为 1 mol/L 的 $FeCl_3/H_2O$ 溶液（或 20 mL 浓度为 0.42 mol/L 的 $Na_2S_2O_8/H_2O$ 溶液）的培养皿中，铜基底朝下，使溶液缓慢腐蚀铜基底。

② 清洗薄膜　铜基底被彻底腐蚀后,用干净的石英片把石墨烯薄膜轻轻捞起,然后放入无水乙醇中清洗,重复清洗 3 次。

③ 微栅碳膜捞起薄膜　把清洗后的石墨烯薄膜放入蒸馏水中,使其漂浮在蒸馏水表面,然后用 200 目微栅碳膜捞起石墨烯薄膜,捞起过程中尽可能使石墨烯薄膜上自然形成的裂纹区域位于微栅碳膜的中间,如图 6-27 所示。

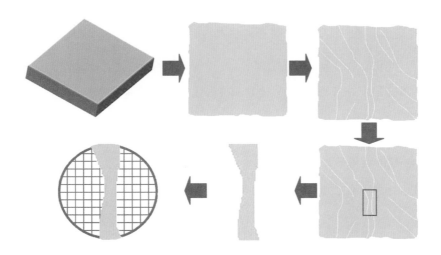

图 6-27　石墨烯薄膜的透射电镜样品制备过程示意图

④ 样品干燥　样品捞起后放入电热鼓风干燥箱 45℃ 干燥 0.5 h,然后再用于透射电镜测量。

(2) 粉体样品制备

① 分散及稀释　用分析天平称取 0.002 g 石墨烯粉体,把粉末装入 15 mL 的离心管中,然后将离心管加满无水乙醇,盖好离心管盖,用涡旋振荡器振荡 10 min,得到初始分散液。

② 二次分散　用滴管从步骤①初始分散液中取 1 mL 分散液,滴入一个 2 mL 的离心管中,然后加满无水乙醇,盖上管盖,放在涡旋振荡器上振荡 10 min。

③ 超薄碳膜被测样品制备　把一个 200 目超薄碳膜放入步骤②振荡后的离心管,保持超薄碳膜平置于离心管的底部,让分散液中的石墨烯材料自然沉降 1 h。

④ 样品干燥　沉降后取出超薄碳膜放入培养皿,再放入电热鼓风干燥箱 45℃ 干燥 0.5 h,然后用于透射电镜测量。

　石墨烯材料质量技术基础:计量

整个步骤①到步骤④制备过程如图6-28所示。

图6-28　石墨烯粉体的透射电镜样品制备过程

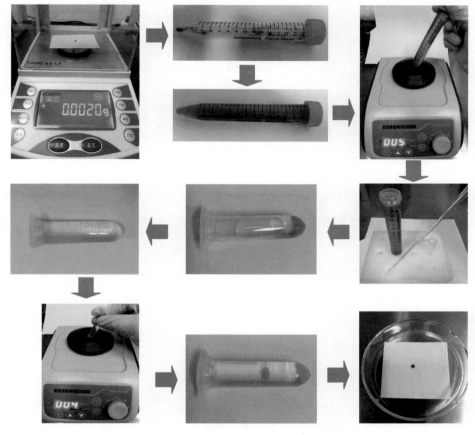

2. 样品测量

透射电镜在使用前应依据 T/CSTM 00162—2020《透射电子显微镜校准方法》进行校准。

（1）测量位置选择——薄膜样品

在低放大倍率下，移动样品杆的 x 轴和 y 轴，在微栅碳膜上寻找到石墨烯薄膜样品，沿着石墨烯薄膜样品的边缘寻找测量位置，先使用 z 轴机械聚焦，然后使用磁透镜磁场聚焦，在稍欠焦条件（参考仪器厂家给出的参考值）下观察、选择测量位置，如图6-29（a）所示。至少选择12个位置，尽可能覆盖石墨烯薄膜样品的大部分边缘。

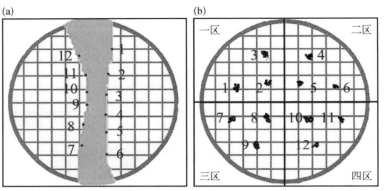

（a）石墨烯薄膜；（b）石墨烯粉体

（2）测量位置选择——粉体样品

把整个微栅碳膜分为四个区。在低放大倍率下，依次在四个区中移动样品杆的 x 轴和 y 轴，先使用 z 轴机械聚焦，然后使用磁透镜磁场聚焦，在稍欠焦条件（参考仪器厂家给出的参考值）下观察、选择测量位置，如图 6‑29（b）所示。每个区选择至少 3 个有石墨烯材料的测量位置，且任意两个测量位置之间的距离应大于 0.2 mm。

（3）拍摄明场像

在选择的测量位置将明场像模式切换成选区电子衍射模式，选择合适的物镜光阑套住透射束，然后切换到明场像模式，调节照明亮度并聚焦，使图像亮度适中，衬度最佳，又不会使荧光屏和相机过度曝光；选择合适的放大倍率，使待测区占整个图像的三分之二左右，图像像素设置为相机最大像素，曝光时间的选择为 0.5～1 s。拍摄不同位置的明场像并存储图像。明场像主要用于分析样品的显微形貌和测量特征尺寸，用于标记和显示测量位置。图 6‑30 是石墨烯粉体的透射电镜明场像。从图中可见，石墨烯样品的显微形貌中存在卷曲、褶皱和堆叠形态。

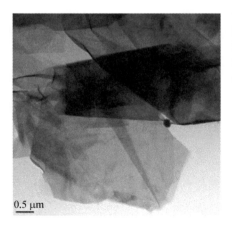

0.5 μm

（4）拍摄高分辨晶格像

明场像模式下拔出所有光阑，把放大倍率调到 50 万倍左右，调节电子束的倾斜度，调节照明亮度和聚焦，图像像素设置为相机最大像素，曝光时间的选择为 0.1～0.5 s。拍摄不同位置的高分辨晶格像并存储图像，要求所有图像的放大倍率相同、像素相同、曝光时间相同。采用透射电镜高分辨晶格像模式测量石墨烯的层数和层间距。石墨烯薄膜比对试验获得的高分辨晶格像（放大倍率为 60 万，图像为 4 008 像素×2 824 像素，曝光时间为 0.5 s）如图 6-31 所示。

图 6-31　石墨烯薄膜的高分辨晶格像

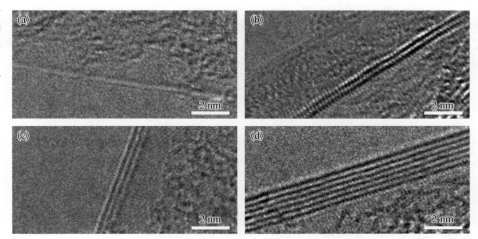

（a）1层；（b）2层；（c）3层；（d）6层

3. 数据分析

（1）层数计算

石墨烯材料的高分辨晶格像中，晶格条纹是电子被石墨烯层衍射而产生的亮线暗线交替排列的平行线，一条暗线对应一层石墨烯，通过人眼视觉计数晶格条纹中的暗线数量，该数量即为石墨烯的层数 L，如图 6-31 所示。

（2）层间距计算

从高分辨晶格像中选择平行度好、衬度清晰的晶格条纹区域，使用 ImageJ 或 Digital Micrograph 软件生成晶格条纹垂直方向的灰度值谱图，从谱图中选取两个边缘强度峰之间的所有强度峰，人眼视觉计数为 N。使用上述软件的尺寸

测量功能测量 N 个强度峰（$N-1$ 个石墨烯层间距）的总宽度 W，计算相邻强度峰之间的平均间距，即石墨烯的平均层间距 d_g，如式（6-38）所示。由于石墨烯材料的折叠或卷曲边缘，可以很容易获得高分辨晶格像。石墨烯薄膜比对试验获得的高分辨晶格像（放大倍率为 60 万，图像为 4 008 像素×2 824 像素，曝光时间为 0.5 s）如图 6-32(a)所示。从高分辨晶格像中选取晶格条纹区域，使用 ImageJ 软件生成灰度值谱图[图 6-32(b)]，从谱图中选取两个边缘强度峰之间的所有强度峰，计数 $N=4$，根据上述方法测得总宽度 $W=1.035\ 2$ nm，根据式（6-38）计算得到平均层间距 $d_g=0.345\ 1$ nm。

$$d_g = W/(N-1) \qquad (6-38)$$

式中，d_g 是石墨烯的平均层间距，nm；W 是 N 个强度峰（$N-1$ 个石墨烯层间距）的总宽度，nm。

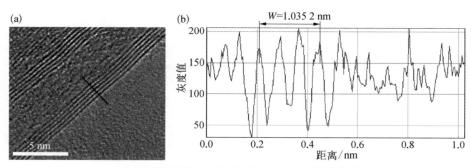

（a）高分辨晶格像；（b）晶格条纹垂直方向的灰度值谱图

图 6-32 石墨烯薄膜的层间距测量

4. 不确定度评定

（1）A 类不确定度

每个样品至少选择 6 个位置进行测量，样品均匀性引入的不确定度 u_1 为

$$u_1 = \sqrt{\frac{1}{m-1} \sum_{i=1}^{m} (x_i - \overline{x})^2} \qquad (6-39)$$

式中，m 是测量的位置总数；i 是位置序号，$i=1, 2, \cdots, m$；x_i 是第 i 个位置的测量值；$\overline{x}$ 是 m 个测量值的平均值。

在样品的某个位置，至少重复测量 6 次，测量重复性引入的标准不确定度 u_2 为

$$u_2 = \sqrt{\frac{1}{n-1} \sum_{j=1}^{n} (x_j - \overline{x})^2} \qquad (6-40)$$

式中，n 是重复测量总次数；j 是测量次数序号，$j = 1, 2, \cdots, n$；x_j 是第 j 次测量值；$\overline{x}$ 是 n 个测量值的平均值。

（2）B 类不确定度

透射电镜校准引入的不确定度分量为 u_{cal}。

（3）合成不确定度

各不确定度分量均不相关，按方和根形式计算合成不确定度 u_c 为

$$u_c = \sqrt{u_1^2 + u_2^2 + u_{cal}^2} \qquad (6-41)$$

（4）扩展不确定度

对于正态分布，置信水平为 95% 时，对应的 $k = 2$，则扩展不确定度 U 为

$$U = ku_c \qquad (6-42)$$

6.3　小结

本章介绍了石墨烯材料的扫描电镜、透射电镜计量技术，包括电镜校准用标准物质、校准方法，电镜对石墨烯片层尺寸、覆盖度、层数和层间距等特性参数的测量方法和应用实例，所涉及的技术、方法已经过笔者的细致论证和检验，数据结果准确可靠，既可以为研究院所科研人员的石墨烯材料研究提供理论依据，又可以为生产企业的石墨烯材料研发和质量控制提供技术方法参考。笔者也将基于市场和产业的实际需求，继续深化、完善这些测量技术方法，致力于把这些技术方法直接应用到市场和产业中的石墨烯产品，实现技术方法与市场、产业的最大限度衔接，助推我国石墨烯产业的快速健康发展。

参考文献

[1] McCaffrey J P, Baribeau J M. A transmission electron microscope (TEM) calibration standard sample for all magnification, camera constant, and image/diffraction pattern rotation calibrations[J]. Microscopy Research and Technique, 1995, 32(5): 449 - 454.

[2] 周剑雄,陈振宇.用于扫描电镜图像放大倍率校准的三个微米级栅网图形标准样板的研究[J].电子显微学报,2005,24(3): 185 - 191.

[3] 钱进,石春英,谭慧萍,等.利用一维光栅标样校准扫描电子显微镜方法的研究[J].计量学报,2010,31(4): 299 - 302.

[4] Jiang B, Li Z M, Zhai H, et al. Influencing factors on the determination of corundum particle parameters by SEM and image analysis[J]. Advanced Materials Research, 2011, 412: 441 - 444.

[5] Geim A K, Novoselov K S. The rise of graphene[J]. Nature Materials, 2007, 6 (3): 183 - 191.

[6] Geim A K. Graphene: Status and prospects[J]. Science, 2009, 324(5934): 1530 - 1534.

[7] Meyer J C, Geim A K, Katsnelson M I, et al. The structure of suspended graphene sheets[J]. Nature, 2007, 446(7131): 60 - 63.

[8] Hernandez Y R, Gryson A, Blighe F M, et al. Comparison of carbon nanotubes and nanodisks as percolative fillers in electrically conductive composites[J]. Scripta Materialia, 2008, 58(1): 69 - 72.

[9] Park S, Ruoff R S. Chemical methods for the production of graphenes[J]. Nature Nanotechnology, 2009, 4(4): 217 - 224.

[10] Berger C, Song Z M, Li X B, et al. Electronic confinement and coherence in patterned epitaxial graphene[J]. Science, 2006, 312(5777): 1191 - 1196.

[11] Emtsev K V, Bostwick A, Horn K, et al. Towards wafer-size graphene layers by atmospheric pressure graphitization of silicon carbide[J]. Nature Materials, 2009, 8(3): 203 - 207.

[12] Yu Q K, Lian J, Siriponglert S, et al. Graphene segregated on Ni surfaces and transferred to insulators[J]. Applied Physics Letters, 2008, 93(11): 113103.

[13] Zhao L Y, Levendorf M, Goncher S, et al. Local atomic and electronic structure of boron chemical doping in monolayer graphene[J]. Nano Letters, 2013, 13 (10): 4659 - 4665.

[14] Lee Y, Bae S, Jang H, et al. Wafer-scale synthesis and transfer of graphene films [J]. Nano Letters, 2010, 10(2): 490 - 493.

[15] Nair R R, Blake P, Grigorenko A N, et al. Fine structure constant defines visual transparency of graphene[J]. Science, 2008, 320(5881): 1308.

[16] Blake P, Brimicombe P D, Nair R R, et al. Graphene-based liquid crystal device [J]. Nano Letters, 2008, 8(6): 1704 - 1708.

[17] Huang P Y, Ruiz-Vargas C S, van der Zande A M, et al. Grains and grain boundaries in single-layer graphene atomic patchwork quilts[J]. Nature, 2011, 469 (7330): 389 - 392.

[18] Tsen A W, Brown L, Levendorf M P, et al. Tailoring electrical transport across grain boundaries in polycrystalline graphene[J]. Science, 2012, 336(6085): 1143 - 1146.

[19] Li X S, Zhu Y W, Cai W W, et al. Transfer of large-area graphene films for high-performance transparent conductive electrodes[J]. Nano Letters, 2009, 9(12): 4359 - 4363.

[20] Hao Y F, Bharathi M S, Wang L, et al. The role of surface oxygen in the growth of large single-crystal graphene on copper[J]. Science, 2013, 342(6159): 720 - 723.

[21] Wang H, Wang G Z, Bao P F, et al. Controllable synthesis of submillimeter single-crystal monolayer graphene domains on copper foils by suppressing nucleation[J]. Journal of the American Chemical Society, 2012, 134(8): 3627 - 3630.

[22] Zhao Z J, Shan Z F, Zhang C K, et al. Study on the diffusion mechanism of graphene grown on copper pockets[J]. Small, 2015, 11(12): 1418 - 1422.

第 7 章

石墨烯粉体化学
成分测量技术

7.1　概述

　　石墨烯是一类典型的二维纳米材料，具有优异的物理、机械和化学特性，在电子[1]、光子[2]、能量储存[3]、医疗[4]、电化学传感[5]、复合材料等领域具有广阔的应用前景，是各国大力扶持的战略新型材料。在2019年11月实施的等同采用国际标准化组织纳米技术委员会（ISO/TC229）的国家标准GB/T 30544.13—2018/ISO/TS 80004‐13：2017《纳米科技　术语　第13部分：石墨烯及相关二维材料》中，"石墨烯"的定义为"由一个碳原子与周围三个近邻碳原子结合形成的蜂窝状结构的碳原子单层"。石墨烯也可称为石墨烯层、单层石墨烯。在实际工业生产中，石墨烯产品主要有两种形式，一是通过在基底上沉积制备或外延生长的石墨烯薄膜，二是石墨烯粉体。但无论哪种产品形式，通过当前的工业生产技术和工艺，均不能规模化生产完美单层的石墨烯产品。

　　石墨烯粉体是我国商业石墨烯产品的主要类型，由大量石墨烯纳米片（Graphene Nanoplate，GNP）组成，常见厚度为1～3 nm，横向尺寸为100 nm～100 μm。我国已建成30余个石墨烯产业园区，部分生产企业已具备了石墨烯粉体的量产能力。石墨烯粉体产品在锂离子电池电极材料、导电液、导热膜、重防腐涂料等产业领域的实际应用价值也初现端倪，现正处于实现大规模产业应用突破的前夕。石墨烯粉体的生产途径主要有两种：（1）自上而下制备，即由天然或合成石墨剥离获得石墨烯粉体，主要包括氧化还原法、插层剥离法、液相剥离法、机械剥离法等；（2）自下而上制备，即用有机小分子为前驱体，通过诸如化学气相沉积（CVD）、晶体外延生长、化学合成等方法来制备石墨烯粉体。不同途径制备的石墨烯粉体产品的物理化学性质也不尽相同，甚至存在较大差异。由于不同产业应用领域对石墨烯粉体特性的需求不同，为了使石墨烯产业上下游企业对产品特性参数量值一致认可，促进石墨烯产业的规范发展，亟须对石墨烯粉体产品关键特性参数的测量开发适用的分析测量方法，并发展为产业、企业切实可用的技术标准。

　　以石墨烯粉体为测量对象开展的标准化研究，主要是建立对石墨烯粉体的关键特性参数,如比表面积、缺陷水平、表面含氧官能团、碳氧比和氧元素含量、金属杂质、灰分等,进行准确测量的特性方法或技术标准。用于材料成分分析的测量技术,如俄歇电子能谱(Auger Electron Spectroscopy,AES)、X射线光电子能谱(XPS)、电子能量损失谱(Electron Energy Loss Spectroscopy,EELS)、能量色散X射线谱(EDS、EDX)、热分析技术(DTA、TG、DSC)、电感耦合等离子体质谱(ICP-MS)等,从理论上来说,一般亦可用于石墨烯粉体材料的化学成分分析。但石墨烯粉体表观形态通常为密度低、易飘散的黑色粉末,微观结构复杂且含有很多的晶格缺陷。虽然石墨烯作为一种典型的纳米碳材料,其主要化学成分是碳(C)元素,但不同种类的石墨烯材料,如石墨烯(G)、氧化石墨烯(GO)和还原氧化石墨烯(rGO)等,碳元素的含量却差别很大。石墨烯粉体中通常还含有氧(O)、硫(S)、氮(N)、氯(Cl)、硅(Si)等非金属元素和钠(Na)、铁(Fe)、铜(Cu)、钛(Ti)、钡(Ba)、钨(W)、钼(Mo)、铬(Cr)、锰(Mn)等金属元素杂质。生产原料、生产工艺、生产设备、产品后处理条件等因素致使工业石墨烯粉体中所含的金属杂质不仅种类多,且含量范围也极宽。根据材料计量包含内容的描述,石墨烯材料的化学成分测量技术包括相关测量设备校准或检定、标准测量方法的建立和标准成果的输出。本章根据我国石墨烯产业以石墨烯粉体产品为主、亟待应用突破的发展现状,石墨烯粉体产品种类繁多且成分复杂的产品特点,结合各类化学分析技术的测量准确性、可靠性,测量技术方法的可推广性等,主要围绕两种适用于石墨烯粉体化学成分的测量技术进行阐述:(1)对石墨烯粉体的碳氧元素质量比——碳氧比(C/O)进行准确定量的XPS测量技术;(2)对石墨烯粉体中的金属元素杂质进行准确定量的ICP-MS测量技术。

7.2 XPS仪器测量要求

7.2.1 XPS仪器简介

X射线光电子能谱仪是以软X射线为激发光源的光电子能谱仪,对表面元素组成、化学态和其在表层的分布等表面化学性质具有高识别能力。X射线光电子能谱(XPS)是一种先进的表面化学分析技术,也称为化学分析用电子能谱(ESCA),可与俄歇电子能谱(AES)、紫外光电子能谱(Ultraviolet Photoelectron Spectroscopy,UPS)、二次离子质谱(Secondary Ion Mass Spectroscopy,SIMS)、离子散射谱(Ion Scattering Spectroscopy,ISS)等配合使用,组成多功能表面分析仪器XPS-AES-UPS、XPS-AES-ISS-SIMS等。

XPS仪器由真空系统、样品输运系统、X射线源、能量分析系统、检测器和计算机操作系统组成,其工作原理(图7-1)如下。当一束具有足够能量(hv)的X射线如Al K_{α}(1 486.6 eV)辐照样品时,光子与样品表面相互作用,光子全部能量转移给原子或分子中的束缚电子,使不同能级的电子以特定概率电离,从而产生与被测元素内层电子能级有关的具有特征能量的光电子。用能量分析器检测逸出样品表面的光电子,并按照结合能或动能分布进行计数,得到光电子能量与强度的谱图,从而可对材料表面化学成分和状态进行定性和准确的定量分析。

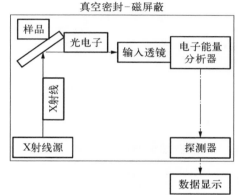

图7-1 XPS仪器的工作原理示意图

采用相对灵敏度因子法,通过积分峰面积,XPS仪器可对固体表面元素的组成进行定量分析,检测灵敏度为0.1%左右。XPS仪器对固体材料表面分析具有显著的优势:(1) 样品用量小;(2) 样品无须前处理;(3) 分析速度快;(4) 分析范围广,可以对原子序数在3(锂,Li)~92(铀,U)之间的元素进行定性和定量分析;(5) 可得到所检测元素的化学态信息,进而可分析材料、化合物组成;(6) 对样品的破坏性非常小,十分有利于分析有机材料、高分子材料。

7.2.2　XPS仪器检定校准

分析XPS谱图中各特征峰的峰位、峰形和强度(峰高或峰面积),可得到测量样品表面的化学组成、化学态、相对元素含量等，从而实现对样品表面化学性质的准确测量。为了使测量结果准确可靠，进行样品测量前须对 XPS 仪器进行检定校准，依据 GB/T 25184—2010《X 射线光电子能谱仪检定方法》，XPS 仪器的检定校准项目包括能量标检定、强度标检定、选区和 XPS 成像空间分辨率检定、荷电中和检定、离子枪溅射速率检定。

　　XPS 仪器能量标检定的对象是 XPS 谱图中的特征峰位(结合能)和峰宽，单位为 eV。根据能量标检定的需要设置 XPS 仪器的工作参数，包括 X 射线源参数和能谱仪参数，如通能、减速比、狭缝、透镜参数等，测量标准样品铜箔的 Cu $2p_{3/2}$ 和金箔的 Au $4f_{7/2}$ 的结合能。峰结合能重复性标准偏差、结合能标的线性可参考国家标准 GB/T 22571—2008《表面化学分析　X 射线光电子能谱仪能量标尺的校准》。

　　XPS 仪器强度标检定峰强度，以峰高或峰面积表示，峰高以计数(个)或计数率(个/秒)表示，峰面积以个·eV 或个·eV/s 表示。强度标检定选用 Cu 的多晶金属箔作为标准样品。选择测定强度标线性的工作参数：每个 X 射线源参数和每组能谱仪参数，通能、减速比、狭缝、透镜参数等。由于检定结果都只对测量时所设置的参数有效，因此须对常用分析条件下的设置进行线性评估检定。对 X 射线通量可设不小于 30 个近似等距增量的 XPS 仪器，用改变源通量法进行强度标线性的测量。对于 X 射线通量小于 30 个设定值的 XPS 仪器，直接用谱比率法进行强度标线性的测量。检定方法参照国家标准 GB/T 21006—2007《表面化学分析　X 射线光电子能谱仪和俄歇电子能谱仪　强度标的线性》。强度标重复性和一致性检定方法可参照 GB/T 28633—2012/ISO 24237：2005《表面化学分析　X 射线光电子能谱　强度标的重复性和一致性》，同样可使用 Cu 的多晶金属箔作为标准样品，选择能谱仪测定强度重复性的工作参数同测定强度标线性，计算峰面积强度、强度比和不确定度；对强度标的一致性进行周期性评估，测量评估一致性前，须先测量其重复性。

　　选区和 XPS 成像空间分辨率的检定可参照 ISO 15470《表面化学分析　X 射线光电子能谱　选择仪器性能参数的表述》、ISO 18516《表面化学分析　基于光束方法中纳米至微米尺度横向分辨率和清晰度的测定》和 ISO/TR 19319《表面化学分析　基于光束方法中横向分辨率和清晰度的测定基础方法》。目前 XPS 的最佳成像空间分辨率约为 3 μm，分辨率的常用检定方法有三种：(1) 特征区法,即样品必须有一小于仪器空间分辨率30%的特征区,该区的光电子信号特征曲线的半峰宽定义为空间分辨率;(2)两种不同材料直边相结合法,即被分析样品应由两种材料组成,这两种材料的表面在同一平面上且沿一公共直边相结合,当与该直边成90°角方向测量时,该两种材料之一的特征光电子强度的扫描线被用来定义空间分辨率;(3)单一材料刃边法,即某一材料薄片的刃边半覆盖住一个直径约为1 mm、深度不小于5 mm的小孔上,与刃边垂直且沿着小孔直径的方向测量时,刃边材料的特征光电子强度的扫描线用来定义空间分辨率。

7.2.3　XPS仪器检定校准用标准物质

对XPS仪器的能量标检定推荐用纯度优于99.99%的Cu、Au、Ag多晶金属箔标准物质作为参考样品。使用前,参考样品的表面须用Ar^+溅射清洁,直至氧和碳的1 s信号高度均低于全谱中最强金属峰高度的2%,并尽量在一个工作日内完成检定工作。请注意,Ar^+溅射区域应大于检测区域。也应注意过度的溅射可能会使样品表面变得很粗糙而导致绝对发射强度明显的变化。

在对溅射速率进行校准时,可根据被测对象和溅射深度选择与被测物最匹配的膜厚标准物质。目前,颁布的纳米尺度膜厚有证标准物质有单晶硅上热氧化的SiO_2单层膜、多晶Ta基底上的Ta_2O_5单层或多层膜、GaAs基底上AlAs/GaAs超晶格多层膜等。可到国家标准物质资源共享平台网站(http://www.ncrm.org.cn)检索并选择合适的标准物质作为参考样品。

7.2.4　XPS仪器检测注意事项

1. 荷电控制和荷电校正

用XPS分析非导电样品时,X射线照射的表面区域会产生荷电效应。样品的尺寸和形状、样品安装、样品与样品托的接触等都对荷电程度有重要影响,应根据实际测量情况考虑是否需要荷电控制及选择哪种荷电控制方法。存在荷电效应时尽量详细叙述校正所测结合能(峰位)的通用方法,使之能重现,并能证明其有效性。通常用低能电子中和枪或中和器进行中和,尤其对于荷电效应非常严重的单色化 XPS,应进行荷电中和。荷电校正方法包括差分荷电、外来污染碳氢化合物参考、金沉积、注入惰性气体、内标参考、基底参考等,具体可参见国家标准 GB/T 25185—2010《表面化学分析　X 射线光电子能谱　荷电控制和荷电校正方法的报告》的附录。

2. 离子枪

离子枪用于清洁要检测的表面和进行溅射深度剖析。最常用的离子枪是 Ar^+ 离子枪。离子枪溅射速率的检定关系到能否准确判断所检测的表面所处的深度,检定离子枪溅射速率时应说明各溅射速率所用的溅射参数,可参见国家标准 GB/T 20175—2006《表面化学分析　溅射深度剖析　用层状膜系为参考物质的优化方法》。

7.3　石墨烯粉体的 C/O 测量技术研究

C 和 O 是石墨烯粉体的主要组成元素,根据石墨烯粉体的 C/O,通常可直接判定石墨烯粉体的类型,例如 G 具有较高的 C/O,而 GO 具有较低的 C/O。用 XPS 测量石墨烯材料表面的 C、O、N、S 等元素的质量百分含量,即可计算得到 C/O。

C/O 是石墨烯粉体的重要化学特性参数,需要建立对其进行准确测量的分析方法,并形成公认的国际标准或国家标准。本节重点介绍用高灵敏度的 XPS 对石墨烯粉体中主要元素的质量百分含量进行准确定量测量,并计算 C/O 的标准分析测量方法。

7.3.1　测量样品选取

石墨烯粉体目前处于亟须突破大规模产业化应用的关键时期,我国已有多家企业具有石墨烯粉体材料的量产能力,因此测量样品是从我国产业化石墨烯粉体材料产品中选取的,以推动我国高质量石墨烯粉体材料的生产能力和竞争力。由于石墨烯粉体类型与 C/O 有直接对应关系,为了验证方法的可靠性,所选取的测量样品一方面应尽可能覆盖石墨烯粉体的不同类型,从而使所开发的分析测量方法具有普适性;另一方面,应满足均匀性和稳定性要求,以便尽可能排除测量过程中由样品引入的不确定性,使得测量数据可进行统计分析,所开发的分析测量方法可靠性佳。综上所述,用于分析测量方法开发的测量样品应具有充分的代表性、典型性、均匀性和稳定性。对于 XPS 测量石墨烯粉体 C/O 的方法开发,国家纳米科学中心作为主导实验室,在 VAMAS/TWA 41(石墨烯及相关二维材料)工作体系内组织开展了 VAMAS 国际比对研究,并提供了涵盖全范围 C/O 名义值的 3 类石墨烯粉体作为测量样品:第 1 类是机械剥离石墨烯(G)粉体,C/O 名义值为 30;第 2 类是还原氧化石墨烯(rGO)粉体,C/O 名义值为 5;第 3 类是氧化石墨烯(GO)粉体,C/O 名义值为 2。

7.3.2　石墨烯粉体 XPS 测量方法开发

要开发一个标准化通用测量方法,最严格正规的途径是进行实验室内比对,其中最高规格的是 VAMAS 国际比对,即在国际上征集高水平实验室参加比对研究,验证所开发测量方法的准确性、可靠性和复现性。通过采用同一比对方案和比对测量样品,统计分析各参比实验室的测量结果。根据比对研究中发现的问题对测量方法进行改进,并分析测量不确定度的来源,反复研讨直至形成国际标准方法。开展针对材料关键特性分析测量方法的 VAMAS 国际比对有两个必要条件,一是准确可靠的分析测量方法,二是均匀稳定的比对测量样品。

1. VAMAS 国际比对测量样品的选取

样品选取请参见 7.3.1 小节。

2. XPS 测量石墨烯粉体 C/O 的 VAMAS 比对方案

一个可实施的比对方案是在该方法的所有实施要素如设备校准、样品处理、测量条件选择、数据处理等的研究基础上得到的。

（1）测量原理

采用相对灵敏度因子法来定性定量分析。以 C1s 轨道的相对灵敏度因子为参考标准,得到其他元素的相对灵敏度因子。对于固体样品中两个元素 i 和 j,如已知其相对灵敏度因子 S_i 和 S_j,并通过 XPS 测出各自特征谱线强度 I_i 和 I_j(通常采用峰面积),则其原子浓度之比 n_i/n_j 为

$$\frac{n_i}{n_j} = \frac{I_i/S_i}{I_j/S_j} \tag{7-1}$$

（2）样品处理

推荐将石墨烯粉体样品在 80℃下真空干燥 6 h,以去除粉体表面的吸附物,随后在清洁的环境中压片制样后进行测量。按照 GB/T 28894—2012/ISO 18117:2009《表面化学分析 分析前样品的处理》的要求进行样品的保存、转移和制样。制样时要求避免样品污染,使用一次性乳胶手套和口罩,制好样品后快速转移至仪器准备室内抽真空,待真空度达到 5×10^{-8} mbar①及以上的真空条件后,再转移至分析室进行测量。

（3）测量程序

① 采用 Au、Ag 和 Cu 多晶金属箔标准样品进行能量标和强度标校准,确认仪器设备状态满足测量要求。

② 数据采集 首先对样品进行全能量范围扫描,得到全扫描数据,并且全扫描的最强峰计数值应大于 2×10^5 个/s。对 C1s 和 O1s 分别进行高分辨扫描时,扫描步长为 0.05 eV,采集信号能量分别为 278～296 eV(C1s)和 526～540 eV(O1s),扫描次数均为 8 次,重复测量 3 次。

③ 荷电校正 以 C1s 中最低的峰结合能(284.8 eV)为基准来进行荷电校正。

④ 数据处理 对测量目标元素的峰面积进行积分:对 C1s 的积分为 282～294 eV,O1s 的积分为 529～539 eV,用相对灵敏度因子法得到测量样品中碳、氧的质量百分含量,计算 C/O。

⑤ 不确定度分析 XPS 仪器是高精密度分析仪器,且参加 VAMAS 国际比对研究的各实验室仪器均经过检定校准,故仪器引入的 B 类不确定度可忽略不计。因此测量不确定度主要是来自测量样品和测量过程所引入的 A 类不确定度,即可直接由各实验室的测量结果进行不确定度的统计分析。

---

① 1 mbar=100 Pa。

7.3.3　石墨烯粉体 C/O 测量实例

图 7-2　rGO 粉体压片样品图片

以主导 VAMAS 国际比对单位（国家纳米科学中心）提供的 rGO 粉体进行 XPS 测量 C/O 为例，将石墨烯粉体在洁净环境下用压片机压制成直径为 1 cm 的片状样品，置于硅片上进行 XPS 分析测量，rGO 粉体压片样品图片如图 7-2 所示。按照 7.3.2 节中的测量程序，得到样品 C1s、O1s 的 XPS 谱图，如图 7-3 所示。

图 7-3　rGO 粉体样品的 XPS 谱图

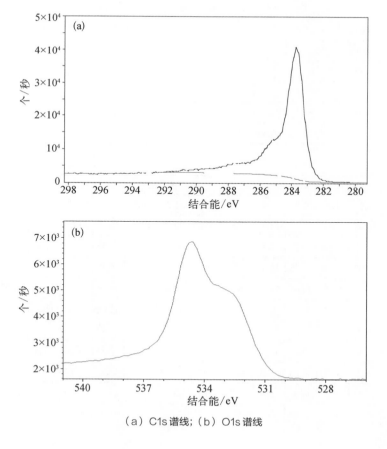

（a）C1s 谱线；（b）O1s 谱线

收集参加 VAMAS 国际比对研究的 13 家实验室所测得的 rGO 粉体 C、O 含量的 XPS 测量结果，如表 7-1 所示。

表 7-1（a）　rGO 粉体 C 含量的 XPS 测量结果

测量数	实 验 室												
	L1	L2	L3	L4	L5	L6	L7	L8	L9	L10	L11	L12	L13
1	84.75	84.7	85.53	85.02	83.62	82.46	86.31	84.64	83.29	84.25	81.85	83.59	85.05
2	85.54	84.75	85.59	84.98	82.79	83.38	85.16	84.11	83.74	84.35	82.38	83.7	84.99
3	85.37	84.51	84.99	84.38	83.16	82.89	85.52	84.82	82.22	84.11	82.17	83.59	85.00
4	85.33	84.48	85.21	85.23	83.64	82.53	84.49		81.99	84.13	82.41	83.72	85.06
5	84.96	84.85	84.76	83.7	83.53	82.44	85.2		82.88	83.77	82.38	83.57	84.93
6	85.17	84.36	85.22	84.5	83.41	82.04	85.01		83.78	84.14	82.28	83.85	84.78
7	85.44	84.45	84.69	85.5	83.13	82.62	85.74		81.75	84.2	82.38	83.67	85.01
8	84.89	84.45	84.86	85.16	84.5	83.03	86.03		83.25	84.25	82.11	83.83	84.92
9	84.79	84.76	84.91	85.09	83.46	82.6	85.56		81.27	84.03	82.17	83.73	84.88
10	84.63	84.51	85.84		83.66		86.18		82.07	84.19	82.59	83.72	85.00
11	84.6	84.64	84.86						82.93		82.19		84.97
12	84.73	84.66	85.01						81.49		82.22		85.01
平均值	85.02	84.59	85.12	84.84	83.49	82.67	85.52	84.52	82.56	84.14	82.26	83.70	84.97
标准偏差	0.34	0.15	0.36	0.55	0.45	0.39	0.57	0.37	0.87	0.16	0.19	0.10	0.08

表 7-1（b）　rGO 粉体 O 含量的 XPS 测量结果

测量数	实 验 室												
	L1	L2	L3	L4	L5	L6	L7	L8	L9	L10	L11	L12	L13
1	14.49	14.86	14.17	13.99	15.88	16.29	13.26	14.92	15.28	17.68	15.33	14.45	14.49
2	14.43	14.98	14.2	14.17	16.63	15.52	13.75	15.46	15.18	17.35	15.25	14.54	14.43
3	14.59	15.08	14.75	14.8	16.34	15.74	13.48	14.64	15.42	17.33	15.41	14.54	14.59
4	14.55	15.26	14.61	13.9	15.81	16.2	14.06		15.38	17.3	15.25	14.42	14.55
5	14.4	14.92	15.03	15.1	15.94	16.4	13.53		15.66	17.38	15.32	14.57	14.4
6	14.27	15.2	14.5	14.05	16	16.79	13.7		15.43	17.35	15.21	14.70	14.27
7	13.83	15.07	15.05	13.67	16.11	16.47	13.4		15.31	17.35	15.36	14.53	13.83
8	14.08	15.2	14.89	13.95	14.95	15.57	13.28		15.22	17.54	15.23	14.60	14.08
9	14.31	14.91	14.9	13.98	15.78	16.24	13.77		15.42	17.28	15.34	14.61	14.31
10	13.99	15.16	13.97		15.72		13.11		15.28	17.17	15.3	14.55	13.99

　　　　　　　　　　　　　　　　　　　　石墨烯材料质量技术基础：计量

测量数	实 验 室												
	L1	L2	L3	L4	L5	L6	L7	L8	L9	L10	L11	L12	L13
11	13.91	15.04	14.92							17.37		14.60	13.91
12	13.75	15.01	14.74							17.56		14.47	13.75
平均值	14.22	15.06	14.64	14.18	15.92	16.14	13.53	15.01	15.36	17.39	15.30	14.55	14.22
标准偏差	0.29	0.13	0.36	0.46	0.44	0.43	0.29	0.42	0.14	0.14	0.06	0.08	0.29

首先用经典统计法将比对测量数据进行统计分析：用格拉布斯法检验所有结果有无可疑值，如有，则从统计上去除可疑值；考查数据分布的正态性；满足正态分布的情况下，将各组数据的平均值视为单次测量值从而构成一组新的测量数据，用格拉布斯法再次从统计上剔除可疑值；用科克伦法进行等精度检验；用拉依达准则检验所有检测数据，无可疑值，则用所有数据计算 C、O 含量的总平均值和标准偏差，并得到比对测量样品 rGO 粉体的 C/O，如表 7-2 所示。

表7-2 rGO 粉体的 C、O 含量和 C/O

C		O		C/O	
平均含量	84.24	平均含量	15.12	平均值	5.57
标准偏差	1.06	标准偏差	1.07		

再采用以中位值和标准四分位间距（Interquartile Range，IQR）作为数据集中和分散量度的稳健统计法对各参加比对实验室分别测量得到的 O 含量和 C/O 进行数据分析，用 Z 分数计算，用稳健变异系数（Coefficient of Variation，CV）反映数据的集中程度。

$$Z = \frac{测定值 - 中位值}{标准\ IQR} \tag{7-2}$$

中位值即将一组测量结果从小到大排列，奇数个取中间的数字，偶数个取中间两个数的平均数。标准 $IQR = IQR \times 0.743\,1 = (Q_3 - Q_1) \times 0.743\,1$，其中 Q_3 为上四分位距，Q_1 为下四分位距。稳健 $CV =$ 标准 $IQR/$中位值$\times 100\%$。用 Z 分数作为判断标准：

$|Z| \leqslant 2$,满意;

$2 < |Z| < 3$,可疑结果;

$|Z| \geqslant 3$,离群结果。

比对测量样品 rGO 粉体的 C/O、O 含量的 XPS 比对测量结果和稳健统计量,如表 7-3 所示。

实验室编号	C/O	Z	O 含量	Z
L1	5.98	0.82	14.22	−0.81
L2	5.62	0.00	15.06	0.01
L3	5.82	0.45	14.64	−0.40
L4	5.99	0.84	14.18	−0.85
L5	5.25	−0.84	15.92	0.85
L6	5.13	−1.11	16.14	1.07
L7	6.29	1.52	13.53	−1.49
L8	5.63	0.02	15.01	−0.04
L9	4.86	−1.73	17.02	1.93
L10	5.47	−0.34	15.36	0.30
L11	4.73	−2.02	17.39	2.29
L12	5.47	−0.34	15.30	0.25
L13	5.84	0.50	14.55	−0.49
中位值	5.62		15.06	
最小值	4.73		13.53	
最大值	6.29		17.39	
极 差	1.56	—	3.86	—
标准化 IQR	0.44		1.02	
稳健 CV	7.83%		6.77%	

表 7-3　rGO 粉体的 C/O、O 含量的 XPS 比对测量结果和稳健统计量

由经典统计法和稳健统计法分别所得结果可见,这两种统计方法在确定 O 含量的平均值、中位值和标准偏差时均无明显差异,说明 VAMAS 国际比对的实验室均具有较高的检测能力,且检测水平相当。且由稳健统计结果可见,除 L11 实验室因所测量的数据量太少而造成的不具有足够的统计性之外,其余 12 个参加比对实验室所得测量结果的 Z 分数均小于 2,这可反映出比对试验结果准确

可信,所用比对测量样品具有良好的均匀性,比对测量方法具有良好的可靠性。

7.4　ICP‐MS 仪器测量要求

电感耦合等离子体质谱(ICP‐MS)是一种可对无机元素进行痕量检测的高灵敏度分析测量技术,可同时进行多元素的检测分析,其基本原理如下。处理后的待测量样提取液经雾化由载气送入电感耦合等离子体炬焰中,在等离子体的高温作用下,样品经去溶剂化、原子化、离子化后进入质谱仪,质谱仪根据质荷比对物质进行定性。对于一定的质荷比,其信号强度(以每秒计数表示)与试样提取液中待测元素的浓度成正比,通过测定每秒计数(Count Per Second,CPS)值来测定试样提取液中各待测元素的含量。

ICP‐MS 检测时将测量峰面积作为定量信号,计算样品中任一金属杂质元素的质量分数 X_i,计算公式为

$$X_i = \frac{V_S I_d (C_{s,i} - C_{0,i})}{M_S} \tag{7-3}$$

式中　V_S——样品溶液的最终体积,L;

　　　I_d——样品溶液的稀释因子,包括所有样品预处理步骤;

　　　$C_{s,i}$——样品溶液中任一金属杂质元素 i 的质量浓度,mg/L;

　　　$C_{0,i}$——空白(Blank)溶液中任一金属杂质元素 i 的质量浓度,mg/L;

　　　M_S——石墨烯样品的质量,g。

为确保测量结果准确、可靠,应对方法的加标回收率进行评价,单一元素(以 i 表示)加标回收率 R_i 的计算公式为

$$R_i = \frac{C_{s',i} - C_{s,i}}{C_i} \tag{7-4}$$

式中　$C_{s',i}$——加标样品溶液中元素 i 的浓度,mg/L;

　　　$C_{s,i}$——未加标样品溶液中元素 i 的浓度,mg/L;

C_i——添加的标准溶液中元素 i 的浓度，mg/L。

目前，ICP‑MS 仪器尚无检定校准规程，但有多种可用于仪器状态评价的元素储备液标准品。在进行待测样品测量前，应使用调谐液校准仪器的各项指标，使灵敏度、氧化物、双电荷、分辨率等各项指标达到测量要求，之后再按测量程序进行检测。

7.5　石墨烯粉体中金属杂质测量技术研究

由于各类型石墨烯粉体的原料、加工工艺、生产设备的不同，产业化石墨烯粉体中会引入多种金属杂质，可能达到 20 余种，且不同厂家、不同工艺石墨烯粉体产品中的金属杂质种类和含量也有很大差异。在某些应用领域，石墨烯粉体的应用效果受限于金属杂质的种类与含量，因此须开发可对痕量金属元素准确测量的方法。与石墨烯粉体 XPS 测量方法开发程序相似，ICP‑MS 技术定量测量石墨烯粉体中金属杂质的分析方法开发，同样通过组织 VAMAS 国际比对研究进行，且亦选用我国工业生产的三类石墨烯粉体作为比对测量样品：第一类是还原氧化石墨烯（rGO）粉体，同 XPS 比对样品；第二类是氧化石墨烯（GO）粉体，同 XPS 比对样品；第三类是小分子生长的少层石墨烯（Few Layers Graphene，FLG）粉体。

7.5.1　测量样品处理

要得到准确可靠的检测结果，不仅需要考虑检测仪器的测量能力和测量状态，还要考虑待测样品的制备方法，尤其是对于元素成分复杂、基体效应明显的石墨烯粉体材料中金属杂质的测量。因此在进行 ICP‑MS 测量前，需要对石墨烯粉体样品进行预处理，考虑到石墨烯粉体材料中金属杂质元素种类繁多且含量分布极广，推荐用结合微波消解的湿法进行消解处理。

选用超纯浓硝酸（含硅氧化物较多的样品可适量加入氢氟酸）作为消解溶剂，用微波消解仪在恒定高温高压条件（建议消解温度在 200℃ 以上，消解压力依据仪器自身设定)下进行消解。根据样品不同,循环消解 1～3 次,最终得到澄清透明的溶液,再进行 ICP‐MS 分析测量。对任一待测样品,推荐同时处理 4～6 个平行样进行 ICP‐MS 测量分析,其中 1～2 个样品中加入含有特定元素的标准溶液用于后续计算加标回收率。推荐选择质量浓度较高的主要元素,如 Fe、Cr、Ni、Mn、Cu、Zn、Na、Mg、Al、K、Ca 等计算加标回收率,并根据所测石墨烯样品的实际情况进行元素种类的增减。加标回收率通常应处于 90%～110%,但工业石墨烯粉体样品基体效应(不同样品不同单一元素,如 Na、Cu、Ca 等的含量可达 10^{-3} 量级)过于明显,且粉体样品的均匀性程度也远远不及液体样品,因此石墨烯粉体样品的加标回收率可放宽至 80%～120%。

7.5.2　石墨烯粉体的 ICP‐MS 测量程序

测量程序主要分为两个阶段:首先进行定性半定量全元素扫描,初步判定待测样品中金属杂质元素的种类、质量浓度量级;其次按照元素种类和质量浓度对所有元素进行分类,然后进行 ICP‐MS 测量分析。

(1)根据元素类型和质量含量范围,相应选择 2～6 种元素储备液标准品,用 1% 的 HNO_3(或纯水,或仪器测量作为空白样的常规液体)将元素储备液按相应的浓度区间进行配制,用于在定量测量样品时建立多元素标准曲线。

(2)对同一稀释倍数的样品溶液中符合检测浓度范围的元素可设置方法同时检测,通过依次加入多个混合元素标准溶液,绘制浓度相关标准曲线。通过线性回归方法确定标准曲线的斜率、截距和相关系数,相关系数应不低于 0.99。

(3)根据所用 ICP‐MS 仪器的性能,设置测量方法,建立标准曲线,测量石墨烯粉体材料样品 As 和溶剂空白对照 A_0(作为测量样品)中选定元素的质量浓度。

7.5.3　石墨烯粉体中金属杂质测量实例

以主导 VAMAS 国际比对单位(国家纳米科学中心)提供的 rGO 粉体进行

ICP-MS测量为例,用精密电子分析天平称取 20 mg rGO 样品放入微波消解罐中,缓慢滴加 8 mL 65% 的 MOS 级[①]高纯浓硝酸,拧紧盖子放入微波消解仪中。做 4～6 个平行样,用程序升温设置进行微波消解,最高温度为 195℃,保持恒温 30 min,重复 3 次消解过程,直至消解罐中的样品消解液澄清透明。将消解液进行电热赶酸,直至剩余约 0.5 mL,用 2% 的 HNO_3 溶液稀释至 10 mL 定容。

根据定性半定量全元素扫描测量结果,选定适宜的内标元素(表 7-4)、标准储备溶液(表 7-5)。

序号	元素	质量数	理论质量浓度/ppb	内标回收率	处于可分析质量数范围的元素
1	Ge	74	约 20	约 95.49%	Na、Mg、K、Ca、Fe、Al、Cr、Mn、Ni、Cu、Zn、V、Co、Ga、As、Rb、Sr
2	Rh	103	约 20	约 98.36%	Ag、B、Ti、Zr、Mo、Nb
3	Re	187	约 20	约 97.12%	Ba、Pb、Hf、Au
4	In	115	约 20	约 98.36%	La、Ce、Pd、Sn、Sb
5	Tb	159	约 20	约 96.80%	Ta、W

表 7-4 rGO 粉体 ICP-MS 测量所选用的内标元素

标准物质编号	浓度/(mg/kg)	元素	溶剂	不确定度
GBW(E)082429	10.0	Ag、Al、As、Ba、Be、Bi、Ca、Cd、Co、Cr、Cs、Cu、Fe、Ga、In、K、Li、Mg、Mn、Na、Ni、Pb、Rb、Se、Sr、Tl、U、V、Zn	5% HNO_3	3%($k=2$)
GBW(E)082428	10.0	Ce、Dy、Er、Eu、Gd、Ho、La、Lu、Nd、Pr、Sc、Sm、Tb、Th、Tm、Y、Yb	5% HNO_3	3%($k=2$)
GBW(E)082430	10.0	Au、Hf、Hg、Ir、Pd、Pt、Rh、Ru、Sb、Sn、Te	1% HNO_3 + 10% HCl	3%($k=2$)
GBW(E)082431	10.0	B、Ge、Mo、Nb、P、Re、S、Si、Ta、Ti、W、Zr	0.9% HNO_3 + 0.9% HF	3%($k=2$)

表 7-5 rGO 粉体 ICP-MS 测量所选用的标准储备溶液

此 ICP-MS 的比对试验尚在开展过程中,未得到最终统计数据。依托国家纳米科学中心的中国科学院纳米标准与检测重点实验室的测量结果示例见表 7-6,即使将含量极低(<0.1 ppm)的金属元素杂质剔除后,依然可见测量样品 rGO 粉体中所含的金属杂质种类很多,且各元素含量分布范围极宽。

---

① MOS 级化学试剂指金属-氧化物-半导体(Metal-Oxide-Semiconductor)电路专用的特纯试剂。

将表7-6中的数据做成柱状图，可以直观对比各金属杂质元素含量的差异，见图7-4。

表7-6 比对测量样品 rGO 粉体中金属杂质元素的 ICP-MS 测量结果示例

序号	元素	质量数	质量浓度/ppm						浓度平均值
			6个平行样，分别处于微波消解仪的②③④⑤⑥⑧位置						
1	Na	23	5 375	5 478	5 014	5 941	6 210	6 183	5 700
2	Mg	24	126.06	141.72	137.34	136.92	155.6	127.24	137.48
3	Al	27	5.16	21.81	5.37	8.7	15.56	12.68	11.55
4	K	39	168.02	179.28	169.16	173	170.12	163.98	170.59
5	Ca	43	339.85	410	228.35	258.7	326.9	254.6	303.07
6	Ti	47	6.75	11.18	8.36	7.57	11.75	8.13	8.96
7	V	51	0.23	0.28	0.25	0.22	0.22	0.22	0.24
8	Cr	52	13.91	15.55	14.05	12.89	13.55	13.05	13.83
9	Mn	55	8.28	8.79	8.14	8.06	8.11	8.34	8.29
10	Fe	57	68.68	91.5	74.76	65.98	95.62	72.52	78.18
11	Co	59	0.08	0.1	0.07	0.07	0.07	0.08	0.08
12	Ni	60	3.67	3.71	4.38	3.01	3.72	3.08	3.60
13	Cu	63	0.22	0.79	0.35	0.26	0.49	0.35	0.41
14	Zn	66	3.71	6.84	2.58	1.83	6.02	2.09	3.85
15	Rb	85	0.36	0.43	0.36	0.36	0.37	0.37	0.38
16	Sr	88	2.42	2.94	2.34	2.53	2.46	2.74	2.57
17	Zr	90	6.97	7.22	6.58	6.94	6.86	6.93	6.92
18	Mo	98	4.86	5.32	5.06	5.16	5.22	5.08	5.12
19	Pd	106	0.2	0.18	0.16	0.18	0.16	0.18	0.18
20	Sn	118	0.11	0.12	0.09	0.09	0.11	0.09	0.10
21	Sb	121	0.11	0.21	0.11	0.22	0.14	0.2	0.17
22	Ba	138	0.9	1.41	0.97	0.97	1.21	1.19	1.11
23	Hf	180	0.27	0.19	0.16	0.17	0.17	0.17	0.19

ICP-MS 对金属杂质元素的定量测量结果的可靠性可由标准回收率直接反映。通常，若某元素的标准回收率处于 80%～120%，认为该元素的 ICP-MS 浓度测量结果可信。比对测量样品 rGO 粉体中所含部分金属杂质元素标准回收率，见图7-5。

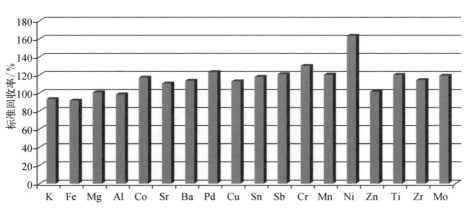

图 7-4 比对测量样品 rGO 粉体中所含金属杂质元素的种类和含量

图 7-5 比对测量样品 rGO 粉体中所含部分金属杂质元素的标准回收率

7.6　标准测量方法开发

开发围绕石墨烯粉体化学特性的标准测量方法,产出标准化成果,能够对我国石墨烯产业的规范发展提供重要的标准化技术支撑,最终促进产业发展、拓展市场应用。通过组织多家高水平检测实验室参加 VAMAS 国际比对研究,确认所选用的比对测量样品具有普适性和代表性,以及所制定的比对测量方案具有可靠性和适用性。选用的比对测量样品来自我国产业化生产的石墨烯粉体,参比实验室是各国有代表性的高水平检测实验室或计量结构实验室,所得测量结果在基本一致、相互可比的基础上,也具有国际互认性。基于扎实的工作基础,VAMAS 国际比对主导单位(国家纳米科学中心)提出的两项国际标准项目新提案已顺利获得国际投票通过,于 2019 年 5 月在国际电工委员会纳米电工产品与系统标准化技术委员会(IEC/TC113)正式立项,见表 7-7。

表 7-7　石墨烯粉体化学成分测量技术标准分析方法（开展中）

	标准编号	IEC/TS 62607-6-20
国际标准新项目 1	中文名称	纳米制造-关键控制特性-第 6-20 部分:ICP-MS 测量石墨烯粉体中的金属元素杂质
	英文名称	NANOMANUFACTURING - KEY CONTROL CHARACTERISTICS - Part 6-20: Graphene powder-Metal impurity content: ICP-MS
	标准编号	IEC/TS 62607-6-21
国际标准新项目 2	中文名称	纳米制造-关键控制特性-第 6-21 部分:XPS 测量石墨烯粉体的主要元素组成和碳氧比
	英文名称	NANOMANUFACTURING - KEY CONTROL CHARACTERISTICS - Part 6-21: Graphene powder-Elemental composition, C/O ratio: XPS

7.7　小结

石墨烯材料作为一种典型的二维纳米材料,因其优异的导电、导热特性,近年来已成为国际社会重点关注的战略性新材料。石墨烯薄膜尚处于追求实现产业化生产规模的技术开发过程中，而石墨烯粉体是当前我国产业化石墨烯材料的主要产品形式，已在导电液、重防腐涂料添加剂、耐磨轮胎、新型电池材料等工业产业领域开始应用。石墨烯材料所展现的优异机械、电学、热学特性均由其完美的物理结构提供，但实际产业化生产的石墨烯粉体的微观结构与物理学上的概念性材料——完美的碳原子单层相去甚远。一方面，因为现阶段工业化生产技术所得的石墨烯粉体产品含有大量不可控的褶皱、晶格缺陷、层间堆叠等，使得材料的优异特性大打折扣。另一方面，自上而下的生产工艺会用到酸、碱、表面活性剂、稳定剂等，从而使石墨烯粉体产品中含有大量的化学试剂；自下而上的生产工艺所得的石墨烯粉体产品相对干净，但工艺条件、催化剂、工业设备材料等不可避免地引入多种无机、有机杂质，致使石墨烯粉体产品的化学性能参数对实际产业应用效果有明显影响。故本章所关注的开发对石墨烯粉体化学组成关键参数的标准测量方法具有重要的实用意义。另外，石墨烯粉体材料的表面官能团、阴离子含量、硫含量等化学成分的标准测量方法也正在开发中。

参考文献

[1] Weiss N O, Zhou H L, Liao L, et al. Graphene: An emerging electronic material [J]. Advanced Materials, 2012, 24(43): 5782 - 5825.

[2] Bonaccorso F, Sun Z, Hasan T, et al. Graphene photonics and optoelectronics[J]. Nature Photonics, 2010, 4(9): 611 - 622.

[3] Pumera M. Graphene-based nanomaterials for energy storage [J]. Energy & Environmental Science, 2011, 4(3): 668 - 674.

[4] Krishna K V, Ménard-Moyon C, Verma S, et al. Graphene-based nanomaterials for nanobiotechnology and biomedical applications[J]. Nanomedicine, 2013, 8(10): 1669 - 1688.

[5] Ambrosi A, Chua C K, Bonanni A, et al. Electrochemistry of graphene and related materials[J]. Chemical Reviews, 2014, 114(14): 7150 - 7188.

附录 1

X 射线衍射仪的
溯源性研究

根据布拉格方程 $2d\sin\theta = n\lambda$ 建立的数学模型,对 X 射线衍射仪进行角度 θ 和波长 λ 的溯源性研究。

1. 角度溯源

X 射线衍射仪角度校准实验方法:采用溯源至 SI 基本单位的激光干涉仪和自准直仪分别对 θ 角、2θ 角进行校准,精度为 $2''$。测量 $0°\sim10°$,步进为 $0.03°$;每次测量 $0.60°$ 后,进行回零观测,等稳定后返回刚才的点;如果零点漂移超过 $\pm0.30''$,清零重新测量。

角度溯源过程中引入的不确定度主要包括以下八个方面:圆周分度引入的不确定度 u_1;中心相位偏离零位线引入的不确定度 u_2;制造工艺引入的不确定度 u_3;转台测量精度引入的不确定度 u_4;激光干涉仪测量精度引入的不确定度 u_5;安装不同轴引入的不确定度 u_6;环境温度漂移引入的不确定度 u_7;地面震动引入的不确定度 u_8。下面分别讨论每个不确定度来源。

(1)圆周分度引入的不确定度 u_1

X 射线衍射仪测量过程是 2θ 角相对于 θ 角的转动测量得到的结果。角度溯源即对 2θ 角相对于 θ 角的转动带来的不确定度进行分析。而在溯源过程中以转台为参照对象,分别对 2θ 角和 θ 角相对于转台的误差进行测量。

图 1-1 是以转台为参考位置,θ 角相对于转台,围绕不动的轴心运动进行测量,得到 θ 角相对于转台的角度偏差曲线。

图 1-1　测量 θ 角的角度偏差曲线

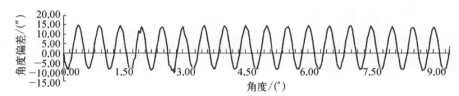

从图1-1中可以看出,角度偏差曲线基本符合正弦曲线,最大偏差为 +15″ 和 -10″,但是中心相位不在零点相位上。通过运算对其相位进行调整,得到该偏差曲线中心相位在零位线的校准方程式(1-1),可以看出,随角度增大,零位偏移增大,带来的测量误差也增大。

$$y = 0.000\ 37x + 2.557\ 06 \tag{1-1}$$

图1-2是以转台为参考位置,2θ 角相对于转台,围绕不动的轴心运动进行测量,得到 2θ 角相对于转台的角度偏差曲线。从图1-2中可以看出,角度偏差曲线基本符合正弦曲线,最大偏差为 ±15″,并且中心相位不在零点相位上。最大负偏差的绝对值比 θ 角的最大负偏差的绝对值稍大一些,这也与实际操作相符合,在实际操作中,2θ 角的校准是在完成 θ 角校准后进行的。通过运算对其相位进行调整,得到该偏差曲线中心相位在零位线的校准方程式(1-2),可以看出,随角度增大,零位偏移增大,带来的测量误差也增大。

$$y = -0.003\ 98x - 0.372\ 46 \tag{1-2}$$

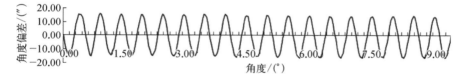

图1-2 测量2θ角的角度偏差曲线

X 射线衍射仪测量过程是 2θ 角相对于 θ 角的转动测量得到的结果,因此在测量误差分析过程中,要将 2θ 角、θ 角以转台为参考位置的测量结果转化为 2θ 角相对于 θ 角的测量结果,2θ 角相对于 θ 角的角度偏差曲线如图1-3所示。

从图1-3中可以看出,角度偏差曲线基本符合正弦曲线,最大偏差为 +5″ 和 9.2″,其绝对值比 θ 角、2θ 角相对于转台的最大偏差的绝对值都小,说明系统误差得以抵消。由图1-3结果可知,圆周分度最大标准偏差为 $u_1 = 9.2″$。

(2)中心相位偏离零位线引入的不确定度 u_2

从图1-3中可以看出,角度偏差曲线的中心相位不在零点相位,因此需要分析中心相位偏离零位线引入的不确定度。偏差曲线中心相位在零位线的校准方程式(1-3)为式(1-2)与式(1-1)之差,即

图1-3 测量2θ
角相对于θ角的角
度偏差曲线

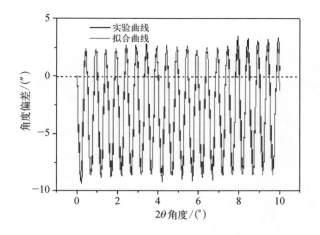

$$y = -0.004\,35x - 2.929\,52 \qquad (1-3)$$

虽然中心相位仍不在零点相位上,但是中位线相对于零位线几乎是平移,在
0°～8°内,随角度增大,中位线偏移保持不变,说明在此角度范围内,测量过程中
系统误差相对较小。根据中心相位在零位线的校准方程式(1-3)求导得到零位
线引入的不确定度 $u_2 = 0.004° = 1.4″$。

(3)制造工艺引入的不确定度 u_3

为了分析射线衍射仪制造工艺引入的误差,分别对 θ 角、2θ 角相对于转台的
校准数据进行正弦曲线拟合,采用最小二乘法进行拟合计算,拟合的理论值与实
际测量值如图1-4、图1-5所示。将实际测量值与拟合的理论值进行比较,所
得差值曲线如图1-6和图1-7所示。从图1-6和图1-7可以看出,测量数据
与拟合数据的差值曲线是有规律的三角波形周期曲线,这是由光栅、码盘刻线加
工的制造工艺引起的。根据图1-6和图1-7结果进行综合分析,光栅、码盘刻
线加工的制造工艺引入不确定度 $u_3 = 2″$。

图1-4 实际校准
θ 角的角度偏差曲
线与拟合曲线

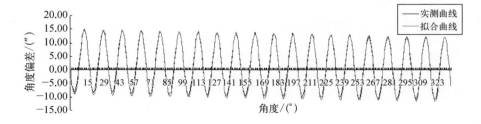

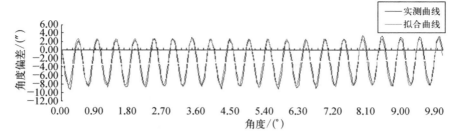

图 1-5 实际校准 2θ 角的角度偏差曲线与拟合曲线

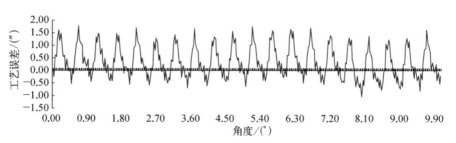

图 1-6 θ 角的测量数据与拟合数据的差值曲线

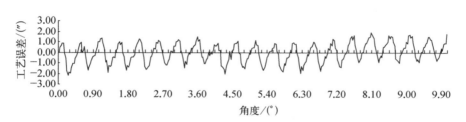

图 1-7 2θ 角的测量数据与拟合数据的差值曲线

（4）测量转台测量精度引入的不确定度 u_4

由转台校准结果可知,其测量精度 $U_4 = 2.0''$。根据输入量估计值标准不确定度的 B 类评定原则,测量精度的分布为矩形分布,则 $k = \sqrt{3}$,因此转台测量精度引入的不确定度 $u_4 = \dfrac{U_4}{k} = \dfrac{2.0}{\sqrt{3}} = 1.2''$。

（5）激光干涉仪测量精度引入的不确定度 u_5

由激光干涉仪校准结果可知,其测量精度 $U_5 = 2.0''$。根据输入量估计值标准不确定度的 B 类评定原则,测量精度的分布为矩形分布,则 $k = \sqrt{3}$,因此激光干涉仪测量精度引入的不确定度 $u_5 = \dfrac{U_5}{k} = \dfrac{2.0}{\sqrt{3}} = 1.2''$。

(6) 安装不同轴引入的不确定度 u_6

在 X 射线衍射仪的角度校准中，转台安装的同轴性、轴编码器的同轴性（水平或垂直）采用数显千分尺判定。数显千分尺的测量精度 $U_6 = 2.0''$。根据输入量估计值标准不确定度的 B 类评定原则，测量精度的分布为矩形分布，则 $k = \sqrt{3}$，因此数显千分尺引入的不确定度 $u_6 = \dfrac{U_6}{k} = \dfrac{2.0}{\sqrt{3}} = 1.2''$。

(7) 环境温度漂移引入的不确定度 u_7

由于仪器配有循环水控温系统，因此环境温度漂移引入的不确定度较小，因此设定 $u_7 = 0.1''$。

(8) 地面震动引入的不确定度 u_8

测量过程中发现由于交通活动引起的地面震动对测量结果影响较大，因此设定地面震动引入的不确定度 $u_8 = 1.0''$。

因此，角度引入的合成标准不确定度 $u_\theta = \sqrt{\sum_{i=1}^{8} u_i^2} = 9.8''$。

据文献报道，$1.4''$ 角度漂移给 X 射线衍射仪带来的不确定度是 $0.001\ \text{nm}$，$10''$ 角度漂移给 X 射线衍射仪带来的不确定度为 $0.001 \sim 0.01\ \text{nm}$。那么对于我们这台 X 射线衍射仪，由于角度引入的合成标准不确定度 $u_\theta = 9.8''$，因此换算成厚度测量引入的不确定度 $u_\theta = 0.01\ \text{nm}$。

2. 波长溯源

由于 X 射线波长短、能量高，不易直接将 X 射线波长溯源至 SI 基本单位。根据 X 射线衍射仪的测量原理，X 射线不是直接到达样品表面，而是通过单色器将 X 射线单色化再到达样品表面进行样品测量。因此，布拉格方程中的 λ 是指单色化后的 X 射线波长，在溯源研究中只对这段波长进行研究。X 射线衍射仪常用的单色器有镜面、混合镜面和四晶单色器。各种单色器具有不同的单色化特色，适用于不同的测量目的。采用不同单色器单色化入射 X 射线，通过测量单晶 Si{220} 晶格参数来表征不同单色器特性，并通过已知 Si{220} 晶格参数，计算得到入射 X 射线的波长 λ，与已知 X 射线波长进行比较，将入射光源溯源至自然晶格参数。

实验方法如下。X射线衍射仪在光管与探测器水平（表面反射）状态下，卸下平板准直器，采用光谱仪模式，通过不同单色器对样品单晶Si{220}测量。在仪器各参数清零的状态下，通过扫描2θ角调整光束、扫描z轴和角度ω调整样品高度，把扫描得到的参数设为补偿值。在此种状态下，再对仪器进行耦合扫描，确保仪器在最好的条件下进行测量。采用镜面单色器，调整参数时要在单色器前加遮光板和衰减片；采用混合镜面单色器，调整参数时要在单色器前加衰减片；而采用四晶单色器，调整参数时不需要在单色器前加遮光板和衰减片。

用单晶Si{220}标准物质（SRM2000）对经过不同单色器过滤后的X射线进行校准。图1-8是不同单色器单色化后的X射线经Si{220}衍射后的波长分布图，右上角小图是X射线经过四晶单色器和混合镜面单色器单色化的波长分布图的放大图。如曲线a所示，X射线经过四晶单色器单色化后只有$K_{\alpha 1}$线，其$K_{\alpha 1}$线波长值$\lambda_a = 0.154\,03$ nm，半峰宽为2.9×10^{-4} nm。如曲线b所示，X射线经过混合镜面单色器单色化后也只有$K_{\alpha 1}$线，说明混合镜面单色器对X射线也有很好的过滤作用，X射线的强度损失相对较小，其$K_{\alpha 1}$线波长值$\lambda_b = 0.154\,11$ nm，半峰宽增加为8.6×10^{-4} nm，比四晶单色器稍微增大。当单色器为镜面时，如曲线c所示，X射线经过镜面单色器单色化后有$K_{\alpha 1}$和$K_{\alpha 2}$线，其$K_{\alpha 1}$线波长值$\lambda_{\alpha 1} = 0.154\,09$ nm，$K_{\alpha 2}$线波长值$\lambda_{\alpha 2} = 0.154\,42$ nm，到达样品表面的X射线是这两条线的综合结果，因此将X射线经过镜面单色器过滤后得到X射线波长通过两条K线强度的贡献合并计算，得到$\lambda_c = 2/3\lambda_{\alpha 1} + 1/3\lambda_{\alpha 2} = 0.154\,20$ nm。根据两条K线的拟合曲线（图1-9），得到半峰宽为4.4×10^{-3} nm。

从图1-8中可以看出，四晶单色器单色化X射线后半峰宽最小，说明其对X射线单色化纯度最高，其次

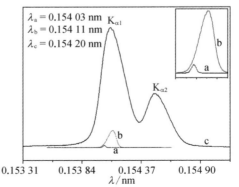

$\lambda_a = 0.154\,03$ nm
$\lambda_b = 0.154\,11$ nm
$\lambda_c = 0.154\,20$ nm

$K_{\alpha 1}$
$K_{\alpha 2}$

0.153 31　　0.153 84　　0.154 37　　0.154 90
λ/nm

图1-8 不同单色器单色化后的X射线经Si{220}衍射后的波长分布图

a—四晶单色器；b—混合镜面单色器；c—镜面单色器

石墨烯材料质量技术基础：计量

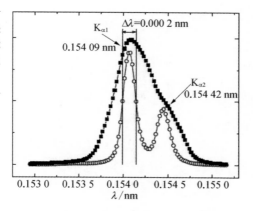

图 1-9 X射线经过镜面单色器过滤后 $K_{\alpha 1}$ 和 $K_{\alpha 2}$ 线及其拟合曲线

为混合镜面单色器,但是损失了 X 射线的强度。四晶单色器单色化 X 射线后的强度最小,这种单色器适用于对入射线纯度要求高但强度要求相对低的样品测量。反之,镜面单色器对 X 射线单色化纯度较低,但是强度得到很好的保留,其强度是混合镜面单色器的 7 倍,是四晶单色器的 53 倍,因此镜面单色器适用于对入射线强度要求高的样品测量,比如样品薄膜厚度的测量。

对 X 射线衍射仪波长的不确定度评定根据 λ 理论值与布拉格方程式实测单晶 Si{220} 得到的 λ 测量值的差值来确定。$K_{\alpha 1}$ 线的 λ 理论值为 0.154 059 8 nm,因此对于 X 射线衍射仪,采用四晶单色器的波长不确定度 $u_{\lambda_a} = 0.000\ 03$ nm,采用混合镜面单色器的波长不确定度 $u_{\lambda_b} = 0.000\ 05$ nm,采用镜面单色器的波长不确定度 $u_{\lambda_c} = 0.000\ 14$ nm。

X 射线衍射仪的合成不确定度 $u = \sqrt{u_\theta^2 + u_\lambda^2} \approx 0.01$ nm,扩展不确定度 $U = ku = 0.02$ nm($k = 2$)。

附录 2

掠入射 X 射线反射
膜厚测量仪器校准

国内科研院所、企业等基于 X 射线衍射仪的掠入射 X 射线反射功能测量纳米薄膜膜厚。为了保证测量结果的准确可靠,需要对其进行周期性的校准,校准依据 JJF 1613—2017《掠入射 X 射线反射膜厚测量仪器校准规范》。通过实验研究认为波长引入的不确定度可以忽略,所以只对角度校准即可。目前,我国已有 JJG 629—2014《多晶 X 射线衍射仪检定规程》,掠入射 X 射线反射膜厚测量仪器与 X 射线衍射仪的角度校准过程相同,因此在对掠入射 X 射线反射膜厚测量仪器校准中参照 JJG 629—2014《多晶 X 射线衍射仪检定规程》对仪器 2θ 角示值误差及重复性进行校准,如果仪器 2θ 角已通过多晶 X 射线衍射仪的检定,则不用检查此项。

1. 膜厚测量示值误差

测量前应分别对仪器 2θ 角、z 轴、ω 角度进行调整,确保光路准直。选取 3 个不同厚度的膜厚有证标准物质,尺寸覆盖 70% 的测量范围并尽可能均匀。在反射模式下,测量条件为 Cu K_α 线,建议扫描步进为 0.004°(ω 角度),每步时间为 2 s,以 ω-2θ 扫描方式对膜厚标准物质进行扫描,记录反射强度曲线。对反射强度曲线进行傅里叶变换,得到薄膜厚度 t。

根据式(2-1)计算示值误差。

$$\Delta t = t - t_s \tag{2-1}$$

式中　　Δt——示值误差,nm;

t——膜厚测量结果,nm;

t_s——膜厚标准物质的认定值,nm。

根据式(2-2)计算膜厚测量示值相对误差 $r(\Delta t)$。

$$r(\Delta t) = \frac{\Delta t}{t_s} \times 100\% \tag{2-2}$$

仪器膜厚测量示值相对误差要求不超过±6%。

2. 膜厚测量重复性

选取中间量值的膜厚标准物质,按照式(2-1)中测量条件重复测量 5 次,根据式(2-3)至式(2-5)计算实验标准偏差,其作为膜厚测量重复性。

$$R = t_{max} - t_{min} \tag{2-3}$$

$$s(t) = \frac{R}{C} \tag{2-4}$$

$$s_{rt} = \frac{s(t)}{\bar{t}} \times 100\% \tag{2-5}$$

式中　R——极差,nm;

　　　$s(t)$——测量重复性,nm;

　　　s_{rt}——测量重复性相对值,%;

　　　t_{max}——膜厚测量值中的最大值,nm;

　　　t_{min}——膜厚测量值中的最小值,nm;

　　　$\bar{t}$——测量平均值,nm;

　　　C——极差系数,5 次测量下 C 取 2.33。

仪器膜厚测量重复性要求不超过 1%。

3. 膜厚有证标准物质

目前,中国计量科学研究院已研制出 GaAs/AlAs 超晶格多层膜、二氧化硅薄膜、氮化硅薄膜和氧化铪薄膜膜厚标准物质,主要用于广泛使用的 X 射线光电子能谱(XPS)、俄歇电子能谱(AES)、二次离子质谱(SIMS)等表面分析技术溅射速率的校准,以及椭圆偏振光谱仪膜厚测量、X 射线衍射仪掠入射 X 射线反射功能的校准,以确保样品成分深度变化或薄膜厚度的测量结果的准确性、一致性和可靠性。相关标准物质的量值汇总表见表 2-1 至表 2-4,可在国家标准物质资源共享平台网站(http://www.ncrm.org.cn/)上查询。

表2-1 GaAs/AlAs超晶格多层膜膜厚标准物质量值汇总表

编　号	标准值及 不确定度	GaAs/AlAs 超晶格多层膜膜厚/nm						
		氧化层	第一层	第二层	第三层	第四层	第五层	第六层
GBW13955	标准值	(0.98)	(20.12)	10.60	10.06	10.58	10.07	10.58
	不确定度 ($k=2$)	—	—	0.18	0.20	0.18	0.18	0.18

表2-2 二氧化硅薄膜膜厚标准物质量值汇总表

编　号	二氧化硅薄膜膜厚/nm	
	标准值	不确定度($k=2$)
GBW13957	12.56	0.30
GBW13958	20.87	0.36
GBW13959	57.55	0.50
GBW13960	106.1	1.7

表2-3 氮化硅薄膜膜厚标准物质量值汇总表

编　号	氮化硅薄膜膜厚/nm	
	标准值	不确定度($k=2$)
GBW13961	52.67	0.28
GBW13962	104.91	0.32
GBW13963	151.8	1.0
GBW13964	205.0	1.5

表2-4 氧化铪薄膜膜厚标准物质量值汇总表

编　号	标准值及 不确定度	氧化铪薄膜膜厚/nm			
		表面层	HfO_2层	Al_2O_3层	SiO_2层
GBW13979	标准值	(2.16)	1.07	(9.51)	(0.21)
	不确定度($k=2$)	—	0.04	—	—
GBW13980	标准值	(1.85)	4.73	(9.41)	(0.59)
	不确定度($k=2$)	—	0.04	—	—
GBW13981	标准值	(1.89)	9.37	(9.45)	(0.21)
	不确定度($k=2$)	—	0.06	—	—

索　引

B

标准测量方法　15,32,96,132,192,
209,210

标准光源　73-76,83

标准化　19,41,42,46-49,90,117,
136-138,170,191,197,202,209

标准物质　14-17,21-25,29,31,32,
34,64,70,71,76-90,93,96,97,
106-108,111-114,125,132-134,
137,143,145,146,148-150,152,
153,170-176,178,185,195,206,
218,223-225

不确定度　7-17,20,22,29-31,34,
40,43-47,53,57,70,77,80-82,
84,85,88,89,93,94,104-106,
113-116,123,124,131,132,134,
135,145,148,153,154,160,163,
164,167,168,171,178,179,184,
185,194,197,198,206,213-217,
219,223,225

不确定度评定　13,14,22,35,43,48,
64,81,83-86,89,90,93,96,97,
111,115,125,131,134,137,152,
153,171,178,184,219

布拉格方程　101,103,104,111,213,
217,219

曝光时间　77,78,92,178,182-184

C

材料计量　1,3,19-26,28-34,37,
52,54,55,64,96,111,125,129,132,
133,136,144,192

层间距　101,103,143,168,179,183-
185

D

D 峰　67-70,92,94,95

E

E_n 值　94,95,113,115,116

F

覆盖度　144,159-168,185

G

G 峰　67,68,70,91,92,94,95,162

概率分布统计方法　129,130

汞氩灯　74,76

光路准直　73,223

光栅密度　77,92

国际标准化组织　13,16,41,43,47,

137,191

国际单位制　5,6,22,31,35,145

国际等效　21,28,31,32,48,55

国际电工委员会　13,209

国际法制计量组织　13,43

国际计量局　5,6,8,13,16,17,23,26,
　27,35,43,64

国际计量委员会　13,23,26,27

国际理论和应用化学联合会　13

国际理论和应用物理联合会　13

国际临床化学联合会　13

国家质量基础设施　37,41,43,48,138

H

合格评定　3,8,15,41,42,46,47,
　51,56

还原氧化石墨烯　42,101,121,133,
　192,197,204

I

ICP-MS测量　192,204-207,209

ICP-MS仪器　203-205

J

机械剥离石墨烯　197

基准原器　6

激发波长　74,77,83,85-87,89-92

激光功率　77,78,87,89,92

计量　1,3-13,15-35,39-49,51-
　58,64,65,70,71,76,77,83,85,86,
　89,93,95,97,104-106,108,111,
　118,121,123,125,129,132-134,
　136,138,139,141,144,147,148,
　170-173,185,186,202,209,224

计量比对　22,26,30,54,90,94,111,
　115-117,132-134,137

计量标准　11,14,15,22,25,28-32,

34,35,44,64,70,71,75,104,106,
　123,124,132

计量基准　9,11,14,22,28,30,31,104

计量认证　15

技术规范　7,9,12,13,16,30,46,47,
　53,104

金属杂质　31,192,203-209

均匀性检验　76,78,83,84,133

校准　11-13,15,17,21-23,25,27-
　29,31,32,44,46,47,52,53,55,64,
　69-71,73,74,77,81,83,85-91,
　93,96,97,104-106,108,109,111-
　114,117,118,121,123-126,132,
　134,137,138,144-150,152-154,
　161,169-176,178,179,181,185,
　186,192-195,197,198,204,213-
　218,221,223,224

L

拉曼光谱仪　70,71,73-77,85-
　92,97

拉曼频移　25,55,68,70,72-77,81-
　83,85-96

拉曼频移标准物质　77,81,82,85-
　87,93

拉曼频移溯源　73

拉曼频移校准　77,86-88,96

拉曼散射　71,72,74,93

拉曼特征峰　67-70,74,81,90,92,93

拉曼相对强度　25,70,73-76,89,
　90,93

拉曼相对强度标准物质　83,85,86,89

拉曼相对强度溯源　75,76

拉曼相对强度校准　86,89,90

量值传递　9,11,20,21,23,32,34,70,
　104,123,145,170,171

M

米制　4-6,26-28,209

N

纳米技术　46-48,56,86,137,191

P

片层尺寸　31,50,144,145,154,155,
157,185

R

认证认可　33,34,41,42,46,48

S

扫描电镜　143-154,158-164,166-
168,185,186

实验室认可　13,15,43,47

溯源　9-11,16,20-23,25,26,29,
31,32,43,44,46-48,52-55,64,
70,71,73-77,96,104-106,109,
118,121,123,144,145,169-173,
211,213,217

T

碳氧比　31,58,61,192,209

透射电镜　25,31,43,95,96,143,144,
168-176,178-183,185

V

VAMAS 国际比对研究　197,198,
200,204,209

W

稳定性检验　76,77,79,81,83,84

X

XPS 测量　192,196,197,199,200,
204,209

XRD 测量　54,101,104,109,110,117

X 射线光电子能谱　52,192-194,196,
224

X 射线衍射　20,25,43,52,56,58,63,
95,96,99,101,104-106,108,110,
111,117,118,170,211,213,214,
217-219,223,224

狭缝宽度　77,92,110

Y

亚太计量规划组织　24,26,28

氧化石墨烯　53,101,103,121,132,
133,135-137,154,192,197,204

仪器响应曲线　73-75,83

有证标准物质　16,24,76,87,96,104,
106,145-148,170,172,195,223,
224

原子力显微镜技术　122,138

2D 峰　67,68,70,91,92,162